浙江渔场渔业资源概述

宋海棠　周婉霞　编著

海洋出版社

2018 年·北京

内 容 简 介

本书叙述了中华人民共和国成立至 2010 年 60 多年来，浙江渔场渔业资源的变化状况，概述了浙江渔场的自然环境，渔业资源的特点、种类组成，主要经济种的分布、洄游、渔场、生物学和生态学特征，渔业资源的利用状况和渔业管理等，评价了浙江渔场渔业资源的现状和治理对策。本书内容丰富，资料翔实，文字简练，图文并茂，有较高的学术性和应用价值，适合水产研究人员、大专院校师生、渔业管理及相关人员阅读、参考。

图书在版编目（CIP）数据

浙江渔场渔业资源概述/宋海棠，周婉霞编著. —北京：海洋出版社，2018.1
ISBN 978-7-5210-0033-7

Ⅰ.①浙… Ⅱ.①宋… ②周… Ⅲ.①渔场–水产资源–浙江 Ⅳ.①S931.4

中国版本图书馆 CIP 数据核字（2018）第 015295 号

责任编辑：程净净 项 翔
责任印制：赵麟苏

海洋出版社 出版发行

http://www.oceanpress.com.cn
北京市海淀区大慧寺路 8 号 邮编：100081
北京文昌阁彩色印刷有限公司印刷 新华书店发行所经销
2018 年 1 月第 1 版 2018 年 1 月北京第 1 次印刷
开本：787mm×1092mm 1/16 印张：12.5
字数：266 千字 定价：68.00 元
发行部：62132549 邮购部：68038093 总编室：62114335
海洋版图书印、装错误可随时退换

序　言

　　浙江渔场是我国的主要渔场，渔场环境优越，历史上是生产优质商品鱼的重要渔场。浙江省海洋捕捞产量占东海区三省一市的 50%～60%，在浙江海洋经济中占有重要地位。但由于不合理利用和过度捕捞等原因，传统的主要经济鱼类资源衰退，渔业资源结构发生重大变化。本书作者根据 40 多年从事渔业资源调查研究的成果，并收集参考其他研究者的成果和相关资料，系统地梳理分析了中华人民共和国成立 60 多年来浙江渔场及邻近海域渔业资源的变化状况，客观地评价了浙江渔场渔业资源的变化原因，提出符合实际的治理意见和建议，故本书不是历史资料的简单汇编，而是带有研究的性质。全书概述了浙江渔场的自然环境，渔业资源的特点、种类组成，主要经济种的分布、洄游、渔场、生物学和生态学特征，渔业资源的利用状况，渔业资源调查和渔业管理等，评价了浙江渔场渔业资源的现状，并提出治理建议和展望。本书内容丰富，涵盖了海洋渔业资源的各个方面，也丰富了海洋生态学的内容，资料翔实，文字简练，图文并茂，有较高的学术性和应用价值，适合水产研究人员、大专院校师生、渔业管理及相关人员阅读、参考。

　　宋海棠、周婉霞两位同志，20 世纪 60 年代毕业于厦门大学海洋生物专业，在浙江省海洋水产研究所资源研究室从事渔业资源调查研究 40 多年，他们热爱本职工作，扎根海岛，勤勤恳恳，兢兢业业，在多年的调查研究工作中，掌握了丰富的第一手资料，具有丰富的实践经验，发表研究论文数十篇，主编和参编专著多部。本书的问世也可看出他们两位的敬业精神，发挥余热，退而不休。这也是他们传承厦门大学"自强不息"精神的体现。我也是厦大校友，为他们所取得的成绩感到自豪，祝本书早日问世。

浙江大学生命科学学院教授

蔡如星

2017 年春于浙江大学启真名苑

前　言

　　浙江渔场是我国东海大陆架的重要渔场，其中舟山渔场闻名全国，沈家门渔港是世界三大渔港之一。历史上浙江渔场盛产大黄鱼、小黄鱼、带鱼、曼氏无针乌贼，俗称"四大渔产"，占浙江省海洋捕捞总产量的50%～60%，高的年份达到70%，为全国人民提供了丰富和优质的水产食品，近20多年来出产的虾、蟹类，头足类也丰富了人们的餐桌。中华人民共和国成立60多年来，勤劳勇敢的浙江渔民和渔业工作者战天斗海，取得了渔业生产一个又一个的新成就。渔船从木帆船发展到机帆船，再发展到钢质渔轮，渔场从沿岸近海发展到外海，再到远洋，新渔场新资源不断涌现，使浙江的海洋捕捞业取得了长足的进展。海洋捕捞产量从20世纪50—60年代的$40×10^4$ t，到1991年突破$100×10^4$ t，2000年上升到$319×10^4$ t，占东海区三省一市海洋捕捞年产量的50%～60%。但是，由于不合理利用和过度捕捞等原因，超过生物资源的承受能力，自20世纪70年代中期以后，浙江渔场渔业资源发生重大变化，传统的主要经济鱼类资源衰退，大黄鱼、小黄鱼、曼氏无针乌贼资源急速下降，至80年代末跌至低谷，三者占海洋捕捞总产量降至1.2%，渔汛也消失了。带鱼虽然维持较高的产量，但鱼体小型化、低龄化严重。自20世纪80年代以后，浙江渔场发展灯光围网作业，进一步开发利用鲐、鲹等上层鱼类资源；发展桁杆拖虾作业，开发近海、外海的虾、蟹类资源；20世纪90年代开发外海的剑尖枪乌贼、太平洋褶柔鱼、有针乌贼类、章鱼（蛸类）等头足类资源。20世纪90年代中期实施伏季休渔制度，保护了带鱼、小黄鱼幼鱼，使带鱼、小黄鱼当龄鱼群体资源数量有所上升。自20世纪90年代以后，鲐、鲹等上层鱼类，虾、蟹类，头足类以及小型经济鱼类（包括带鱼、小黄鱼当龄鱼群体）成为渔业捕捞的主体，占海洋捕捞总产量的70%左右，海洋渔业资源结构发生重大变化，从原始结构型向次生类型转化。高龄鱼和优质鱼减少，鱼体小型化、低龄化、低值化严重。如何改变这一局面，修复浙江渔场的渔业资源，已成为政府、渔业工作者和渔民群众的共识。需要努力贯彻、落实《中华人民共和国渔业法》和《中华人民共和国水产资源繁殖保护条例》，遵循自然规律、经济规律，探索发展浙江的海洋渔业。

本书叙述了自中华人民共和国成立至 2010 年这 60 多年来，浙江渔场及相邻海域渔业资源的变化状况，全书共分七章，概述了浙江渔场的自然环境，渔业资源的特点、种类组成，主要经济种的分布、洄游、渔场、生物学和生态学特征，渔业资源的利用状况、渔业资源调查和渔业管理等，评价了浙江渔场渔业资源现状，并提出治理建议与展望。本书所用资料，除了作者 40 多年来直接从事渔业资源调查研究所获资料外，还有作者在工作中收集、积累的资料。渔业产量资料主要引用了浙江省渔业生产统计资料，主要经济鱼类洄游分布示意图参考了《东海区渔业资源调查和区划》，主要经济鱼类的生物学资料是根据浙江省海洋水产研究所资源研究室历年鱼体的生物学测定资料编写。

本书承蒙浙江大学生命科学学院教授、海洋生物学家、研究生导师蔡如星先生审阅原稿，提出宝贵意见，并为本书作序，在此表示衷心感谢。由于作者水平所限，不妥和疏漏之处在所难免，敬请读者批评、指正。

编著者
2017 年春于深圳

目 录

第一章　渔场自然环境

第一节　地理分布和气候特征

一、地理分布

浙江渔场位于东海中北部，是东海大陆架的主要组成部分，南起 27°00′N，北至 31°00′N，东至 128°00′E 以西 200 m 水深以内海域，面积 22.27 km²，约占东海渔场总面积的 42.3%。包括舟山渔场、舟外渔场、鱼山渔场、鱼外渔场、温台渔场、温外渔场六大渔场，北接长江口渔场、江外渔场，南邻闽东渔场、闽外渔场。浙江渔场海底平坦，西部和北部较浅，东南部较深，呈西北向东南倾斜。等深线与岸线平行，从东北向西南走向（图 1-1-1）。海底沉积物 40 m 水深以浅为泥质粉砂，水深 40~70 m 为粉砂质泥和泥质细砂，水深 70 m 以深以细砂为主，适宜于各种捕捞作业。

浙江海岸线曲折，大陆岸线长约 2 200 km。沿岸多优良港湾，主要港湾有杭州湾、象山港、三门湾、台州湾和温州湾。沿岸岛屿众多，有大小岛屿 2 161 个，包括舟山群岛、东矶列岛、台州列岛、南麂列岛、北麂列岛等。有嵊山、沈家门、石浦、大陈等重要渔港，其中沈家门渔港有东方渔都之称，与挪威的卑尔根港、秘鲁的卡亚俄港并列为世界三大渔港。

流入浙江渔场的江河较多，北部有我国著名的长江和钱塘江，平均入海径流量分别达到 9 000×10⁸ m³ 和 380×10⁸ m³，其次是甬江、曹娥江、椒江、瓯江、飞云江、鳌江等，平均径流量合计为 455×10⁸ m³，径流入海带来丰富的营养物质。

二、气候特征

浙江渔场属热带季风气候区，四季分明，气候温和，雨量充沛，光照充裕，适宜各种海洋生物繁衍生长。沿岸平均气温为 15.9~17.7℃，南北相差近 2℃。平均降水量在 1 000 mm 以上，主要集中在 4—9 月。冬季受西北气流控制，天气干燥寒冷，低温期出现在 2 月，平均气温为 4~5℃。夏秋季盛行东南风，以温热天气为主，高温期出现在 7—8

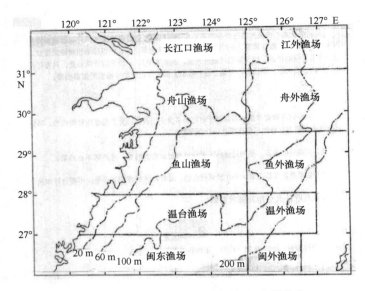

图 1-1-1　浙江各渔场和邻近渔场及水深分布

月，平均气温为 26~27℃。

浙江渔场的灾害性天气为冷空气、台风和气旋，入侵渔场的冷空气平均每年有 12 次，主要在 11 月至翌年 2 月，最大风力可达 10 级。影响渔场的台风平均每年有 4.6 次，最大风力达 12 级以上，以 7 月、8 月为多。气旋较多出现在春季，平均每年近 40 次。全年 6 级以上大风日平均为 74.8 d，以冬季最多，约占全年的 32.2%，秋季次之，约占全年的 27%。

第二节　海洋水文特征

一、海流

海流是形成渔场最主要的海况条件之一，对渔场的形成与变化有重要的影响。浙江渔场的海流由沿岸流和黑潮暖流两大流系组成。

（一）沿岸流

浙江渔场的沿岸流也称江浙沿岸流，源于长江、钱塘江冲淡水，具有低盐、水温年变化幅度大、水色浑浊等特点，其流向和流势有明显的季节变化。夏季势力强盛，在偏南季风的作用下，由长江口向东北流动，形成一股巨大的低盐水舌流向东北，可伸展到济州岛附近海域，其流速为 0.2~0.6 kn，最大为 1 kn。冬季势力减弱，在偏北季风的影响下，紧靠海岸向南流动，其流速为 0.2~0.7 kn。

（二）黑潮暖流

黑潮暖流包括黑潮主流及其分支台湾暖流和对马暖流，其流经的海域终年呈高温、高盐、水色透明、水温和盐度变化小的特点。

1. 黑潮主流

由台湾以东北上，进入浙江渔场南部外海，沿大陆坡流向东北，在 29°00′—30°00′N，128°00′E 附近转向东流，经日本南部海域进入太平洋。黑潮主流流速颇大，为 2~3 kn。

2. 台湾暖流

由黑潮主流在台湾东北部分出，北上进入浙江渔场近海，流速为 0.5 kn 左右。台湾暖流有明显的季节变化，流势为夏强冬弱，尤其受沿岸流的影响。当夏季沿岸流强盛时，台湾暖流的位置向外偏离，冬季沿岸流减弱时，则靠近沿岸，且流幅变窄，与沿岸流交汇，形成很强的流隔带，是构成渔场的重要条件（图 1-2-1）。

3. 对马暖流

由黑潮主流在 28°00′N 附近分出，沿 128°00′E 北上，流经浙江渔场外海，平均流速 0.6 kn，平均流量为黑潮主流的 1/7。对马暖流在济州岛东南海域分出黄海暖流后，主流逐渐转向东北，经朝鲜海峡和对马海峡进入日本海。黄海暖流朝西北方向流入黄海，平均流速约 0.1 kn，最大流速 0.2 kn。它在北上途中，因受地形和水文气象条件的影响，流势逐渐减弱，具有冬强夏弱的变化趋势。

二、水系

浙江渔场的水系，主要有大陆沿岸水和东海外海水两大水系，以及由这两大水系混合变性而成的混合水。

（一）大陆沿岸水

大陆沿岸水的盐度低，水温的季节变化明显，水色浑浊，分布范围的大小受大陆江河的入海量和季风强弱的影响。江浙沿岸水是浙江省的主要沿岸水系，以长江冲淡水为其主要组成部分，水质肥沃，营养盐类丰富，一般分布在 123°E 以西海域。冬季紧靠沿岸，呈狭长的带状分布，由长江口向南伸展，水温低，温度、盐度为垂直均匀分布；夏季由于淡

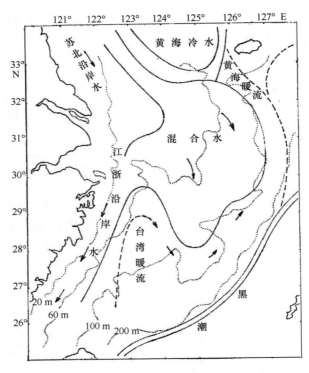

图 1-2-1　东海大陆架水团分布

水流量大，表层盐度降至全年最低值，沿岸水流向呈舌状向东北扩展，前锋可超过 124°E，而水温受日照影响升至全年最高值；春、秋季则为水系消长的过渡期。

（二）东海外海水

东海外海水由黑潮表层水、东海暖水和黑潮次表层水组成，其中东海暖水是浙江渔场的主体水系，它是黑潮表层水进入陆架混合变化而成的高盐暖水，随台湾暖流北上可达 32°N 附近。冬季，东海暖水的水温为 13～19℃，盐度为 33.75～34.75，垂直分布均匀，与西部的沿岸水交汇形成较强的锋面；夏季，水温可升到 29℃ 以上，盐度则有所下降，表层的分布范围明显缩小，并和沿岸水混合而削弱。

（三）混合水

混合水是由大陆沿岸水和东海外海水混合而成的地方性水体，浙江渔场主要是黄海、东海混合水，是由进入陆架的高盐水和黄海混合水混合而成，主要分布在浙江渔场北部，冬季温度、盐度垂直均匀，水温为 8.5～15℃，盐度为 32.5～34.0；春季开始增温降盐，水温为 12.5～17.0℃，盐度略有下降，温度、盐度的垂直分布发生变化，上层的分布与冬季相似，但范围缩小，中下层仅分布于 30°N 附近，秋季和春季相似；夏季随着增温降盐加剧，水体即消失。

三、温度、盐度分布特征

（一）温度

水温的分布和变化与渔业生产的关系十分密切，不仅影响到鱼类的繁殖、生长、发育，还影响到鱼类的洄游、移动，对鱼类的集群、中心渔场的形成都起重要作用。浙江渔场水温的分布和变化主要取决于太阳辐射和气象条件，也受海流、潮汐等的影响。冬季水温处于全年最低值，2月温度分布范围为4.7~22.8℃，分布特点是南部高于北部，外海高于沿岸，表、底层分布基本一致（图1-2-2）。春季水温开始上升，5月分布范围为10.7~25.8℃，分布特征与冬季基本相同，但有一高盐水舌由南向北延伸，其前锋17℃等值线位于30°N，123°E附近，同时南部海区海水层化现象开始形成，北部长江口区海水层化现象也普遍出现。夏季水温增至全年最高值，8月表层水温分布范围在25.5~29.0℃，底层分布在14.3~26.3℃，海水层化现象明显，表、底层水温相差2℃以上，高的可达12℃（图1-2-3）；秋季为降温过程，11月表、底层水温分布为16.9~25.7℃和16.9~21.7℃，层化现象在北部开始消失，南部开始减弱。

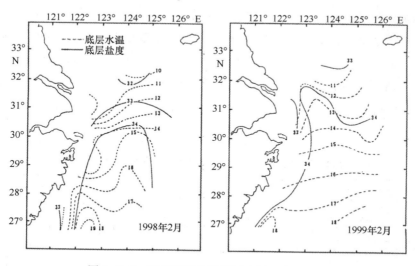

图1-2-2 浙江渔场冬季底层水温、盐度分布

（二）盐度

盐度的分布和变化取决于江河入海的径流量、蒸发、降水量、环流和水系的消长等因素，因此，近岸海域盐度的季节变化较大，外海相对稳定。冬季（2月）盐度的分布范围

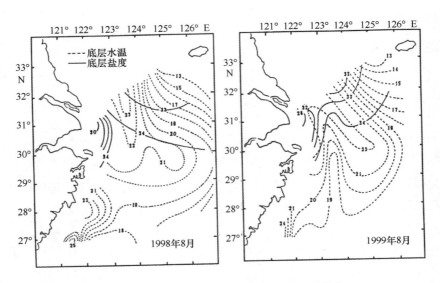

图 1-2-3 浙江渔场夏季底层水温、盐度分布

为 21.30~34.78，分布特点是南部高于北部，外海高于沿岸、近海，表、底层基本一致。春季（5月）盐度分布范围为 19.47~34.76，分布特点基本和冬季相同。夏季沿岸海域受冲淡水影响降至全年最低值，8月表层盐度分布在 16.55~34.10，底层为 20.47~34.82，沿岸的表、底层盐度差值较大。秋季（11月）盐度分布范围表层为 15.60~34.46，底层为 15.72~34.86，低盐分布区缩小，整个渔场平均盐度值升高，分布趋势向冬季过渡。

1987 年东海区渔业资源调查和区划，报道了东海主要渔场 1978—1982 年水温、盐度平均值的季节变化（表 1-2-1、表 1-2-2），对了解东海主要渔场温度、盐度的季节变化很有帮助。

表 1-2-1 东海主要渔场 1978—1982 年水温平均值的季节变化   单位：℃

季节	层次	长江口渔场	江外渔场	舟山渔场	舟外渔场	鱼山渔场	鱼外渔场
春季	表层	13.61~16.74	14.30~18.43	15.09~16.91	15.09~18.31	17.07~21.10	17.22~25.78
	底层	12.44~16.50	10.68~14.17	12.44~16.98	11.88~15.94	16.62~19.37	15.81~19.85
夏季	表层	25.51~28.00	26.81~28.04	25.60~28.36	27.43~28.38	27.94~28.63	28.41~28.98
	底层	19.92~26.16	14.34~21.14	18.95~26.16	16.87~22.51	17.80~26.26	16.56~19.55
秋季	表层	16.89~20.76	20.53~22.23	16.89~21.68	20.53~22.76	19.76~22.68	22.19~25.74
	底层	16.90~21.18	17.16~21.43	16.90~21.70	18.82~21.66	18.84~21.78	16.71~19.92
冬季	表层	4.72~11.37	10.41~16.21	4.72~13.64	10.41~16.67	8.23~17.08	15.60~22.79
	底层	4.70~11.38	10.56~15.73	4.70~13.78	10.56~16.04	8.23~16.85	14.04~19.94

引自：东海区渔业资源调查和区划，1987.

表 1-2-2　东海主要渔场 1978—1982 年盐度平均值的季节变化

季节	层次	长江口渔场	江外渔场	舟山渔场	舟外渔场	鱼山渔场	鱼外渔场
春季	表层	19.47~32.82	32.09~34.29	19.47~33.50	32.82~33.91	28.65~34.19	33.65~34.46
	底层	20.77~33.64	32.75~34.30	20.77~33.77	33.33~34.29	29.25~34.51	34.00~34.76
夏季	表层	16.55~32.82	31.59~32.83	16.55~33.26	31.68~33.30	33.33~33.92	33.58~34.10
	底层	20.47~34.35	32.97~34.50	20.47~34.55	33.87~34.62	30.80~34.55	34.44~34.82
秋季	表层	15.66~33.67	33.42~34.23	15.66~34.07	33.42~34.25	26.44~34.14	33.93~34.46
	底层	15.72~33.64	33.41~34.47	15.72~34.06	33.41~34.47	26.61~34.46	34.42~34.86
冬季	表层	25.23~33.96	33.02~34.49	25.23~34.18	33.02~34.54	25.94~34.44	34.34~34.79
	底层	21.30~33.93	32.96~34.37	21.30~34.18	32.96~34.37	25.72~34.45	34.32~34.78

引自：东海区渔业资源调查和区划，1987.

1997—2000 年国家海洋勘测专项生物资源调查项目，对浙江近海及邻近海域重要渔场水温、盐度分别进行调查，结果如下。

长江口渔场：表层水温年变化范围为 10.25~27.06℃，平均为 19.07℃，表层盐度变化范围为 18.62~33.41，平均为 31.40；底层水温年变化范围为 10.32~23.95℃，平均为 17.66℃，底层盐度变化范围为 30.84~34.23，平均为 32.53。

舟山渔场：表层水温年变化范围为 12.12~27.04℃，平均为 20.42℃，表层盐度变化范围为 24.75~33.41，平均为 32.36；底层水温年变化范围为 11.30~24.65℃，平均为 18.74℃，底层盐度变化范围为 31.88~34.66，平均为 33.52。

鱼山渔场：表层水温年变化范围为 12.41~27.04℃，平均为 21.44℃，表层盐度变化范围为 24.75~34.59，平均为 31.56；底层水温年变化范围为 18.28~28.00℃，平均为 18.78℃，底层盐度变化范围为 31.65~34.95，平均为 33.98。

各重要渔场平均温度、盐度的季节变化如表 1-2-3 所示。各渔场水温、盐度的变化趋势与 1978—1982 年基本相近。

表 1-2-3　浙江近海及邻近海域重要渔场平均温度、盐度的季节变化

季节	层次	长江口渔场		舟山渔场		鱼山渔场	
		水温（℃）	盐度	水温（℃）	盐度	水温（℃）	盐度
春季	表层	11.72	31.76	13.97	31.95	18.16	31.92
	底层	11.36	31.89	13.94	32.74	17.24	32.35
夏季	表层	25.06	29.07	26.08	31.72	25.74	29.65
	底层	20.46	32.61	21.11	34.11	20.19	33.18
秋季	表层	23.34	32.76	23.75	32.85	23.04	32.60
	底层	23.29	33.02	22.89	33.67	20.43	33.16

季节	层次	长江口渔场		舟山渔场		鱼山渔场	
		水温（℃）	盐度	水温（℃）	盐度	水温（℃）	盐度
冬季	表层	13.65	32.57	15.00	33.52	15.69	33.01
	底层	13.68	32.69	15.11	33.57	15.23	33.10

引自：唐启升，2006.

第三节　海洋生物环境特征

一、初级生产力

（一）叶绿素 a 和同化系数

初级生产力是根据海域浮游植物的现存量（叶绿素 a）和同化系数的测定结果与真光层深度计算得到的，它的大小反映出海域的初级生产力水平。根据 1997—2000 年海洋勘测专项的调查，东海叶绿素 a 四季的平均值为 0.45 mg/m³，以春季和秋季最高，分别为 0.62 mg/m³ 和 0.60 mg/m³，夏季和冬季较低，分别为 0.24 mg/m³ 和 0.33 mg/m³。同化系数四季的平均值为 3.32 mgC/（mgchl a·h），以夏季最高（3.97 mgC/（mgchl a·h）），冬季最低（2.45 mgC/（mgchl a·h））（表 1-3-1）。

表 1-3-1　东海叶绿素 a 和同化系数平均值的季节变化

	春季	夏季	秋季	冬季	平均
叶绿素 a（mg/m³）	0.62	0.24	0.60	0.33	0.45
同化系数［mgC/（mgchl a·h）］	3.20	3.97	3.65	2.45	3.32

引自：唐启升，2006.

（二）初级生产力的季节变化

根据同化系数、叶绿素 a 及其真光层的深度，获得东海水域的初级生产力（表 1-3-2），四个季度初级生产力平均值为 35.58 mgC/（m²·h）从季节变化看，以春、秋季初级生产力水平较高，分别为 48.30 mgC/（m²·h）和 49.02 mgC/（m²·h），其次是夏季，为 27.04 mgC/（m²·h），最低出现在冬季，为 17.97 mgC/（m²·h）。

表 1-3-2 东海水域初级生产力的计算结果

	春季	夏季	秋季	冬季	平均
初级生产力［mgC/（m²·h）］	48.30	27.04	49.02	17.97	35.58
光照时间（h）	11	13	10.5	9.5	—
初级生产力［mgC/（m²·d）］	530	352	515	171	392

引自：唐启升，2006.

（三）初级生产力的平面分布

1. 春季

多数测站的生产力水平在 50 mgC/（m²·h）左右，其中最大值为 134.02 mgC/（m²·h），最小值为 7.51 mgC/（m²·h），大于 100 mgC/（m²·h）的高值分布较为零乱，而且范围都很小。春季，叶绿素 a 高值区主要分布在长江口外和渔山列岛附近海域，但由于长江口外海域的透明度低，真光层的厚度不足 5 m，极大影响了该水体的光合生产能力。

2. 夏季

高值区的分布相对比较集中，主要分布在长江口北部和浙江近岸海域，生产力水平在 150 mgC/（m²·h）左右；其余大部分海域都在 50 mgC/（m²·h）以下，约为 30 mgC/（m²·h）。

3. 秋季

初级生产力的变化幅度为 9.73～225.79 mgC/（m²·h），初级生产力水平大于 50 mgC/（m²·h）的等值线仍然围绕着长江口外和浙江沿岸海域，外海区初级生产力水平较低。

4. 冬季

初级生产力水平普遍下降，整个东海海域初级生产力都在 50 mgC/（m²·h）以下，平面分布与其他季节相反，近岸最低，远岸海域略高。这是因为冬季沿岸陆源影响减少，近岸海域叶绿素 a 含量的优势消失，全海区叶绿素 a 的含量非常均匀，而外海水深、真光层的厚度远大于近岸。

总的来看，东海初级生产力平面分布的基本趋势是，春、夏、秋三季近岸较高，远岸较低；冬季初级生产力的平面分布基本均匀，远岸深水区的略高，近岸水区略低。浙江近岸渔场和长江口海域是东海初级生产力的高值分布区。

（四）主要渔场的初级生产力水平

1. 舟山渔场

舟山渔场以春、秋两季的生产力水平最高，春季叶绿素 a 的平均值为 1.24 mg/m³，初级生产力为 78 mgC/（m²·h）。秋季略低，叶绿素 a 和初级生产力分别为 0.77 mg/m³ 和 60 mgC/（m²·h）。夏季和冬季的初级生产力较低，年平均值只有 42 mgC/（m²·h）。

2. 浙江沿岸渔场

浙江沿岸也是高生产力海区之一，特别是秋季，叶绿素 a 的平均值为 1.39 mg/m³，最大值达 4.63 mg/m³，初级生产力的平均值为 120 mgC/（m²·h），每平方米的日产量接近 1 500 mgC。其次是春季，叶绿素 a 和初级生产力分别为 1.15 mg/m³ 和 60 mgC/（m²·h）。该海域年平均初级生产力为 58 mgC/（m²·h）。

3. 长江口附近海域

长江口附近海域，由于营养盐含量丰富，水体中浮游植物的现存量高，特别是春、秋季节叶绿素 a 的平均值为 1.0~1.5 mg/m³。但由于该海域透明度低，真光层浅，所以水柱的积分生产力不高，年平均值只有 26 mgC/（m²·h）。

二、浮游生物

浮游生物是海洋生物食物链中的基本环节，是浮游性食性的鱼类赖以为生的食料，也是许多鱼类在幼体发育过程中主要的食饵。浮游生物的分布和数量变动与鱼类洄游结群以及渔场形成有着密切的关系，因此，在进行渔业资源调查时，浮游生物的调查研究是必不可少的。浙江渔场曾进行过多次浮游生物大面调查，早在 20 世纪 60 年代初浙江省水产资源调查委员会就曾组织开展浙江近海浮游生物的生态调查研究，80 年代初农牧渔业部水产局、东海区渔业指挥部也组织东海资源调查组对东海进行浮游生物大面调查，90 年代末国家海洋勘测专项又对东海开展了浮游生物大面调查，浙江渔场是东海重点的调查海域，为浙江渔场积累了丰富的生物环境资料。

（一）浮游植物

1. 种类和组成

根据 1997—2000 年海洋勘测专项生物资源调查，东海共鉴定浮游植物 54 属 188 种 7 变种和 5 变形，分属硅藻、甲藻和蓝藻 3 个门类（表 1-3-3）。其中，硅藻类不仅出现种数居冠，占总种数的 75%，其数量也占浮游植物总量的 99.12%。甲藻类出现种数居次，占总种数的 22%，其数量也占第二位，值得指出的是甲藻类中热带外洋性种类多，其种类可占到甲藻种数的 70%。它们的数量分布和季节变化与黑潮系暖流的分布变化有着密切关系，因此常可作为黑潮系暖流的指示种。蓝藻类出现的种类最少，仅占总种数的 3%，主要为营海洋生活的束毛藻属的种类，其中以铁氏束毛藻（*Trichodesmium thiebautii*）和红海束毛藻（*Trichodesmium erythraeum*）的数量为多，它们的数量分布和变化也与黑潮系暖流有着不可分割的联系，可作为暖流的良好指示种。调查结果显示，东海浮游植物主要优势种有细弱海链藻（*Thalassiosira subtilis*）、拟弯角毛藻（*Chaetoceros pseudocurvisetus*）、翼根管藻纤细变形（*Rhizosolenia alata f. gracillima*）、并基角毛藻（*Chaetoceros decipiens*）、中肋骨条藻（*Skeletonema costatum*）、洛氏角毛藻（*Chaetoceros lorenzianus*）、菱形海线藻（*Thalassionema*）、掌状冠盖藻（*Stephanopyxis palmeriana*）、中华盒形藻（*Biddulphia sinensis*）等。不同季节优势种也不尽相同，北部海区夏、秋季以细弱海链藻、拟弯角毛藻、翼根管藻纤细变形数量占优势，而春、冬季则以细弱海链藻、拟弯角毛藻、洛氏角毛藻、中华盒形藻数量较多；南部海区夏、秋季以翼根管藻纤细变形、中肋骨条藻、菱形海线藻数量占优势；冬、春季以细弱海链藻、菱形海线藻、洛氏角毛藻、虹彩圆筛藻（*Coscinodiscus oculus-iridis*）、夜光藻、束毛藻的数量占优势。尽管东海南部水域浮游植物数量低于北部海域，但种类较北部海域更为丰富，显示出亚热带海区浮游植物分布特点。

表 1-3-3　不同调查年份东海浮游植物不同门类种类组成的季节变化

门类	调查年份	春季			夏季			秋季			冬季		
		属	种	组成(%)	属	种	组成(%)	属	种	组成(%)	属	种	组成(%)
硅藻	1997—2000	37	103	85.8	34	91	83.3	30	109	72.7	34	83	91.2
	1981	35	93	72.7	34	98	71.5	32	96	68.6	32	37	68.5
甲藻	1997—2000	6	15	12.5	4	7	6.8	6	37	24.7	4	7	7.7
	1981	8	29	22.7	9	33	24.1	9	38	27.1	3	14	25.9
蓝藻	1997—2000	2	2	1.7	1	4	3.9	1	4	2.6	1	1	1.1
	1981	2	5	3.9	2	5	3.6	2	5	3.6	1	2	3.9
合计	1997—2000	45	120	100	39	102	94	37	150	100	39	91	100
	1981	45	127	99.3	45	136	99.2	44	140	100	37	54	100

2. 数量分布

（1）季节变化

东海浮游植物总生物量平均值，1997—2000 年的调查为 $68.93×10^4$ 个/m³，比 1959 年

（1 120×10⁴ 个/m³）低，比 1981 年（48.51×10⁴ 个/m³）略高。以秋季最高，为 211.9×10⁴ 个/m³，夏季次之，为 50.4×10⁴ 个/m³，春季最低，仅为 2.0×10⁴ 个/m³。由于东海南北跨度大，不同的气候条件及复杂多变的水文化学环境因子的作用，造成南北部海域季节变化各不相同，在高纬度的北部海域（29°00′N 以北）数量高峰出现在秋季，在低纬度的南部海域（29°00′N 以南）数量高峰出现在夏季，整个海区的季节变化呈单峰型（表 1-3-4）。

表 1-3-4　东海不同海域浮游植物数量的季节变化　　　　单位：×10⁴ 个/m³

海域	调查时间	春季	夏季	秋季	冬季	平均值
29°00′N 以北近海	1997—2000	1.90	144.94	618.37	16.73	195.00
29°00′N 以北外海	1997—2000	0.97	8.17	299.80	21.91	82.66
29°00′N 以南近海	1997—2000	1.23	26.16	3.98	0.56	7.99
29°00′N 以南外海	1997—2000	0.44	1.41	0.66	0.31	0.71

根据 1981 年的调查，东海主要渔场浮游植物四季的平均值不同，以长江口渔场最高，达到 88.7×10⁴ 个/m³，其次是舟山渔场，为 67.9×10⁴ 个/m³，鱼山渔场居第三位，为 49.9×10⁴ 个/m³，舟外渔场、鱼外渔场最低（表 1-3-5）。显示出东海各渔场初级生产力的一般规律，即近岸高，随着离岸距离越远而逐渐下降。从不同渔场浮游植物季节变化看，除鱼外渔场以冬季（2 月）为最高外，其他各渔场均以夏季（8 月）为最高。各渔场数量次高峰出现存在两种类型，长江口渔场和舟山渔场出现在冬、春季，与整个东海调查区的季节变化相一致，而鱼山渔场、鱼外渔场和江外渔场均出现在秋季（11 月），这与该渔场常年受黑潮系暖水的影响有关。

表 1-3-5　1981 年东海主要渔场浮游植物数量分布的季节变化

单位：×10⁴ 个/m³

渔场	春季（5 月）	夏季（8 月）	秋季（11 月）	冬季（2 月）	平均
长江口渔场	62.2	272.7	11.8	77.9	88.7
舟山渔场	45.4	195.0	10.7	20.4	67.9
鱼山渔场	2.9	171.5	21.6	3.4	49.9
舟外渔场	0.6	146.0	23.0	3.1	40.1
鱼外渔场	4.6	1.3	18.3	20.1	11.1

引自：农牧渔业部水产局，东海区渔业指挥部，1987.

（2）平面分布

春季：浮游植物的数量甚低，数量均值仅为 2.0×10⁴ 个/m³，在四个季节中居末位。数量的平面分布大致为近海大于外海，浙江南部、台湾海峡数量高于东海北部。数量大于 25.0×10⁴ 个/m³ 的小范围密集区出现在舟山东侧的台湾暖流前锋区、浙江南部南麂列岛以东 121°30′E 附近海域高低盐水交汇区及台湾海峡西部高盐水前锋区三处，形成三处小范围密集区。但主要种类颇不同，舟山东侧密集区由温带沿岸种柔弱菱形藻和卡氏角毛藻、暖温性的近海种中华盒形藻、近海广布性种菱形海线藻等构成。而浙江南部的密集区则由近海广布性种夜光藻占绝对优势，密集中心几乎呈纯种出现（占该站数量的 99.7%），并已接近形成赤潮的生物浓度。

夏季：海区浮游植物数量均值为 50.40×10⁴ 个/m³，较春季高出约 25 倍。浮游植物数量的平面分布斑块现象明显。数量小于 10×10⁴ 个/m³，稀疏区范围最广，主要分布在东海南部海域。数量大于 100×10⁴ 个/m³ 的密集区形成于长江口外至浙江南部近海，即在 27°30′—32°30′N，123°30′E 以西调查区内侧的狭长范围内和台湾海峡中北部海域（24°00′—26°00′N）。长江口外的密集区以 32°00′N，123°00′E 为中心，数量高达 2 167×10⁴ 个/m³，拟弯角毛藻几乎呈纯种出现，其数量约占该测站总量的 98.8%。除此之外，拟弯角毛藻在该数量密集中心的南北侧，即 31°30′N、32°30′N 附近海域仍占有相当优势。但在密集中心的东南侧（123°30′E 以东）外围水域和浙江中部三门湾以东近海数量密集区出现的优势种与长江口外密集中心截然不同，而是以翼根管藻纤细变形占压倒优势，该种数量均占到各站总数量的 95% 以上。而浙江南部乐清湾以东近海的数量密集中心和台湾海峡数量密集中心又与前述两密集区不同，近海广布性种骨条藻在这些海域占绝对优势，其数量占各测站数量的 67.25%~83.2%；此外，菱形海线藻在浙江南部也占有一定比例，短角弯角藻、掌状冠盖藻、旋链角毛藻和菱形海线藻在浙江南部也占有一定比例。

秋季：浮游植物数量均值达到 211.9×10⁴ 个/m³，超过夏季数量均值的 4 倍多，居四个季节月数量均值的首位。在长江口海域出现两个分别以 32°30′N，123°30′E 和 32°30′N，126°30′E 为中心，数量大于 5 000×10⁴ 个/m³ 较大范围的密集区。内侧密集区（近长江口）的数量最高，达到 14 483.1×10⁴ 个/m³，外侧密集区（济州岛以南）的范围相当大，数量最高为 5 478.5×10⁴ 个/m³；此外，鸭礁以东（126°00′E）和虎皮礁附近海域的数量也较高，分别达到 1 738.6×10⁴ 个/m³ 和 955.5×10⁴ 个/m³。上述各个数量密集中心均以外海广布性的细弱海链藻占绝对优势，该种的数量分别占测站总数量的 90% 以上。济州岛以南密集区范围内优势种极其简单，几乎均以细弱海链藻占优势，但在长江口密集区南侧出现的主要种类较为复杂，细弱海链藻所占的比例明显下降（47.9% 和 13.8%）。此外，东海南部海域数量大都在 25×10⁴ 个/m³ 以下。

冬季：浮游植物数量均值为 11.4×10⁴ 个/m³，调查海域多数调查站的数量均在 50×10⁴ 个/m³ 以下，而东海南部绝大部分海域数量在 1×10⁴ 个/m³ 以下。数量大于 50×10⁴ 个/m³ 密集区，形成于黄海冬季南下冷水和江浙沿岸水与台湾暖流及黑潮流交汇的局部海域，以及济州岛东南的对马暖流区。整个调查区以韭山列岛以东海域（125°00′E 附近）的数量最高，为 118.41×10⁴ 个/m³，在该小范围密集区中出现的优势种为细弱海链藻，其数量占到各站总数量的 40.3%~69.9%，除细弱海链藻外，中华盒形藻、洛氏角毛藻、并基角毛藻、北方劳德藻（*Clauderia borealis*）等种类出现的数量也较多。而在东海北部鸟岛以南（32°00′N 为中心）相对数量较小的密集区则由北方劳德藻、拟弯角毛藻、中华盒形藻、地中海指管藻（*Dactyliosolen mediterraneus*）、掌状冠盖藻、窄隙角毛藻（*Chaetoceros affinis Lauder*）等热带性和广温性的主要种类共同构成。

（二）浮游动物

1. 种类和组成

东海浮游动物共有 613 种，隶属于 8 个门，19 大类，以甲壳动物占绝对优势，达 9 大类 382 种。在各大类中，以桡足类的种数最多，达 226 种，占总种数的 36.9%。其次是端足类 70 种，占 11.4%；水螅水母 61 种，占 10.0%；管水母类 46 种，占 7.5%；浮游多毛类 33 种，占 5.4%；介形类和毛颚动物各 26 种，各占 4.2%。再次是磷虾类 23 种，占 3.8%；海樽 21 种，占 3.4%；糠虾类 18 种，占 2.9%；翼足类 15 种，占 2.5%；异足类 11 种，占 1.8%。上述 12 大类占总种类数的 94%。种类数在 10 种以下的有原生动物、钵水母、栉水母、枝角类、十足类、涟虫类、等足类、有尾类等，占总种类数的 6%（表 1-3-6）。

表 1-3-6　东海浮游动物种类组成及百分比

门类	类群	种数	占总种数百分比（%）
原生动物		3	0.5
腔肠动物	水螅水母	61	10.0
	管水母	46	7.5
	钵水母	1	0.2
	栉水母	7	1.1
浮游多毛类		33	5.4
软体动物	翼足类	15	2.5
	异足类	11	1.8
甲壳动物	枝角类	3	0.5
	介形类	26	4.2
	磷虾类	23	3.8
	糠虾类	18	2.9
	桡足类	226	6.9
	十足类	10	1.6
	涟虫类	4	0.7
	等足类	2	0.3
	端足类	70	11.4
毛颚动物		26	4.2

门类	类群	种数	占总种数百分比（%）
有尾类		7	1.1
海樽		21	3.4
	共计	613	
	浮游幼体	41	

引自：唐启升，2006.

东海浮游动物的优势种，以优势度≥0.02 为标准，共有 18 种（不含两种浮游幼虫），各季优势种以桡足类占绝对优势，有 11 种，占 61.1%（表 1-3-7）。

表 1-3-7　东海浮游动物优势种

种名	学名	春季	夏季	秋季	冬季
中华哲水蚤	*Calanus sinicus*	0.18	0.15	0.03	0.08
驼背隆螯水蚤	*Acrocalanus gibber*			0.02	
帽形真蜇水蚤	*Eucalanus pileatus*			0.06	
精致真刺水蚤	*Euchaeta concinna*			0.17	0.02
小蜇水蚤	*Nannocalanus minor*			0.03	
丽隆剑水蚤	*Oncaea venusta*			0.04	
普通波水蚤	*Undinula vulgaris*			0.07	
亚强真哲水蚤	*Eucalanus subcrassus*		0.04	0.06	0.03
异尾宽水蚤	*Temora discaudata*		0.03		
平滑真刺水蚤	*Euchaeta plana*				0.02
缘齿厚壳水蚤	*Scolecithrix nicobarica*				0.02
中型莹虾	*Lucifer intermedius*		0.05		
百陶箭虫	*Sagitta bedoti*			0.03	
肥胖箭虫	*Sagitta enflata*		0.04	0.03	0.02
五角水母	*Muggiaea atlantica*	0.01			
海龙箭虫	*Sagitta nagae*				0.06
软拟海樽	*Dolioetta gegenbauri*	0.03			
双尾纽鳃樽	*Thalia democratica*	0.10			
长尾类幼体	*Macrura larvae*			0.03	
真刺水蚤幼体	*Euchaeta larvae*	0.04	0.04		0.18

引自：唐启升，2006.

2. 数量分布

（1）季节变化

据 1997—2000 年调查，东海浮游动物总生物量（湿重，包括水母类、被囊类），平均值为 65.32 mg/m³，以秋季总生物量最高，为 86.18 mg/m³，夏季次之，为 69.18 mg/m³，冬季最低，为 50.33 mg/m³。浮游动物饵料生物量（除去水母类、被囊类、夜光虫的重量），其平均值为 40.90 mg/m³。春季的饵料生物量最低，为 29.82 mg/m³；随着水温升高，夏季饵料生物量上升至 46.10 mg/m³，为全年次高峰；秋季随着精致真刺水蚤、普通波水蚤、百陶箭虫、肥胖箭虫等数量的增加，饵料生物量平均值达到最高峰，为 56.84 mg/m³，其后生物量大幅度下降；冬季生物量值略高于春季，为 30.82 mg/m³（表 1-3-8）。

表 1-3-8　东海浮游动物总生物量和饵料生物量的季节变化　　　单位：mg/m³

季节（时间）	总生物量平均值	饵料生物量平均值
春季（1998 年 3—4 月）	55.67	29.82
夏季（1999 年 6—8 月）	69.18	46.10
秋季（1997 年 10—11 月）	86.18	56.84
冬季（2000 年 1—2 月）	50.33	30.82

1981 年东海主要渔场四季浮游动物生物量平均值，以长江口渔场最高，达到 100.0 mg/m³；其次是舟山渔场，为 68.0 mg/m³；鱼山渔场为 56.0 mg/m³，列第三位；舟外渔场、江外渔场生物量也较高，为 53.0 mg/m³；鱼外渔场、温外渔场较低，只有 39.0 mg/m³（表 1-3-9）。不同渔场浮游动物生物量的季节变化不尽相同，长江口渔场生物量的高峰期出现在夏季，次高峰在春季，而舟山渔场正好相反，高峰期出现在春季，次高峰在夏季。鱼山渔场的高峰期出现在夏季，次高峰则在秋季。舟外渔场、江外渔场高峰期出现在春季，鱼外渔场、温外渔场高峰期出现在秋季。

表 1-3-9　1981 年东海主要渔场浮游动物生物量的季节变化　　　单位：mg/m³

渔场	春季（5 月）	夏季（8 月）	秋季（11 月）	冬季（2 月）	平均
长江口渔场	137	167	66	28	100.0
舟山渔场	130	73	53	16	68.0
鱼山渔场	43	87	61	33	56.0
舟外渔场、江外渔场	112	41	42	16	53.0
鱼外渔场、温外渔场	26	30	78	21	39.0

引自：农牧渔业部水产局，东海区渔业指挥部，1987.

（2）平面分布

春季：饵料生物量平均值为全年最低，仅为 29.82 mg/m³，占总生物量的 86.69%，且分布不均匀，呈南北部低、中部高的趋势，密集分布区在 28°00′—29°30′N，春季饵料浮游生物量的分布趋势主要决定于中华哲水蚤的数量分布。

夏季：饵料生物量平均值为 46.10 mg/m³，占总生物量的 50.07%。夏季饵料生物量平面分布呈斑块状，100～200 mg/m³ 高生物量密集区位于渔山列岛至福建东山岛近海，即 26°00′—29°00′N，123°00′E 以西海域，济州岛西南部，29°00′—30°30′N 中部海域生物量最低。

秋季：饵料浮游动物生物量达到全年最高值，为 56.84 mg/m³，占总生物量的 51.62%，其平面分布不均匀，高生物量密集区向北扩展，在吕泗及长江口外至济州岛南部，即 31°00′N 以北，126°00′E 以西海域出现较大范围密集区（100～250 mg/m³），另在 26°30′—28°00′N，122°30′E 以西海域，因太平洋磷虾和精致真刺水蚤高度聚集，出现小范围的密集区。

冬季：饵料浮游动物生物量分布呈北部高于中部、南部，外海高于近海的趋势，无明显的高生物量密集区，一半调查水域的生物量在 50 mg/m³ 左右。

第二章　渔业资源特点和种类组成

第一节　渔业资源特点

一、种类和区系性质

浙江渔场的渔业生物资源十分丰富，有鱼类 700 多种，虾类 156 种，蟹类 324 种，头足类 56 种及其他经济动物共计 1 000 多种。由于渔场所处地理位置的气候与海洋环境条件，尤其是渔场南部受黑潮暖流及其分支台湾暖流、对马暖流的影响，渔业生物区系的特点以暖水性和暖温性种类为主，冷温性的种类很少，未发现冷水性种类。暖水性种自北而南逐渐增多，而暖温性种则自北而南逐渐减少，生物区系的性质属于亚热带性质的印度—西太平洋区的中日亚区范畴。

二、资源数量

浙江渔场 1 000 多种渔业生物资源中，群体数量比较大，作为渔业的主要捕捞对象的种类不多，有鱼类 40~50 种，虾类 20 多种，蟹类 10 余种，头足类近 20 种，海蜇 1 种，其资源生物量不大。浙江省最高年产量在 50×10^4 吨级以上的只有带鱼一种，10×10^4 吨级以上 50×10^4 吨级以下的有大黄鱼、马面鲀、鲳鱼、鲐鱼、中国毛虾等；5×10^4 吨级以上 10×10^4 吨级以下的有海鳗、小黄鱼、马鲛鱼、蓝圆鲹、三疣梭子蟹、曼氏无针乌贼、鳀鱼等；1×10^4 吨级以上 5×10^4 吨级以下的有白姑鱼、黄姑鱼、鮸鱼、鳓鱼、方头鱼、黄鲫、龙头鱼、细点圆趾蟹、枪乌贼、柔鱼、章鱼、海蜇、假长缝拟对虾、葛氏长臂虾、鹰爪虾、中华管鞭虾、大管鞭虾、须赤虾等，其余都在 1×10^4 吨级以下。

三、群体结构

浙江渔场主要渔业生物资源高龄鱼种类不多，历史上除大黄鱼最大年龄可达 29 龄，小黄鱼 17 龄（吕泗渔场为 23 龄），海鳗、鳓鱼、白姑鱼、灰鲳、鮸鱼最大年龄可接近或大于 10 龄外，其余都不超过 10 龄，多数以 1~3 龄组成。渔业生物资源年龄结构简单，年龄序列不长，属于生长快、性成熟早、寿命短、群体组成简单、世代更新快、资源恢复力较强的渔业资源。自 20 世纪 80 年代以后，在高强度捕捞压力下，大黄鱼资源已枯竭，其余高龄鱼比例下降，年龄序列缩短，鱼体小型化、低龄化严重，还出现加速生长、提早性成熟、加快补充速度等种群自动调节机制。新开发的鲐、鲹等上层鱼类、虾蟹类、头足类以及小型经济鱼类成为渔业捕捞的主体，渔业资源的更替现象明显，整个海域的资源结构类型已发生很大变化，从原始结构型向次生类型转变。

四、产卵习性

浙江渔场渔业生物资源的产卵期，主要有春夏季产卵和夏秋季产卵两种类型，如小黄鱼、鲳鱼、鳓鱼、鲐鱼、蓝圆鲹、马面鲀、马鲛鱼、曼氏无针乌贼、日本囊对虾、哈氏仿对虾、三疣梭子蟹等，都在春夏季产卵繁殖。又如海鳗、白姑鱼、大管鞭虾、凹管鞭虾、假长缝拟对虾、海蜇等，是在夏秋季产卵繁殖，而且有的种类产卵期延续的时间较长，如带鱼、葛氏长臂虾的产卵期从春季一直延续到秋季，还有两季都产卵的种类，如大黄鱼有春季产卵和秋季产卵两个群体，俗称"春宗"和"秋宗"。也有少数种类在冬季产卵，如分布在浙江渔场的太平洋褶柔鱼，冬季就在浙江中南部外海产卵，称"冬生群"。

五、营养阶层

营养阶层是指在渔业资源群落中，从主要食物关系来看某种资源所占有的生态地位和生态效率。营养阶层一般划分为五个层次，分别为藻类、草食性动物、小型肉食性动物、中型肉食性动物、凶猛食性动物。在浙江渔场的捕捞对象中，绝大部分属于第三、四层次的种类，如在主要经济鱼类中，大黄鱼、小黄鱼、带鱼、白姑鱼、马鲛鱼等，属第四层次的中型肉食性动物，而鲳鱼、鳓鱼、鲐鱼、蓝圆鲹、马面鲀等是第三层次的小型肉食性动物。随着捕捞力量增大，超过生物资源的承受能力，传统的主要经济鱼类资源衰退，渔业资源结构发生重大变化，高层次捕捞对象的资源在减少，低层次的资源数量在增加，如鳗鱼、黄鲫、梅童鱼、龙头鱼等小型经济鱼类，以及虾、蟹类，枪乌贼、柔鱼、有针乌贼类、章鱼等头足类，都属第三层次小型肉食性动物，即以小鱼小虾、浮游动物为主食的小型肉食性动物，使浙江渔场渔业资源的主体建立在第三层次上。例如，附表中列出的 37 种（类）主要捕捞对象中，属第三层次的种（类）就有 22 种（类），占 59.5%，而第四层次的只有 11 种，占 29.7%。由于浙江渔场浮游生物量尚属丰富，列全国各渔场之冠，有利于低层次渔业资源增长。但从总体上看，渔业资源营养阶层水平明显在下降。

六、分布和洄游

浙江渔场主要捕捞对象的分布和洄游，归纳起来，可分为如下类型。

（一）沿岸类型

栖息于沿岸河口、港湾、岛屿周围及近岸浅水海域，适盐性较低，不作长距离洄游，如鳓鱼、银鱼、鲻鱼、凤鲚、刀鲚、梅童、黄鲫、龙头鱼等鱼类，脊尾白虾、安氏白虾、锯缘青蟹、海蜇等，还有定居性的鱼类，如石斑鱼、褐菖鲉等。

（二）近海类型

近海类型又可分为广布型和偏南型。

1. 广布型

对温度、盐度适应性较强，产卵场在河口、港湾和岛屿附近浅水海域，索饵场在产卵场附近和外侧海域，越冬场则在东部和东南部 60 m 水深以东海域，包括舟外渔场、鱼山渔场、鱼外渔场、温台渔场和闽东渔场。属这一类型的都是浙江渔场重要的传统捕捞对象，如带鱼、大黄鱼、小黄鱼、白姑鱼、海鳗、银鲳、灰鲳、鳓鱼、鲐鱼、蓝点马鲛、日本囊对虾、哈氏仿对虾、三疣梭子蟹、曼氏无针乌贼等。

2. 偏南型

适温适盐偏高，越冬场位于浙南外海，产卵场位于越冬场的西北侧，产卵洄游路线较短，索饵洄游一般不越过 31°00′N，秋后开始向南作越冬洄游。属这一类型的有刺鲳、蓝圆鲹、颌圆鲹、大甲鲹、凹管鞭虾、大管鞭虾、假长缝拟对虾、锈斑蟳、武士蟳、剑尖枪乌贼、虎斑乌贼、神户乌贼等。

（三）外海型

这一类型又可分为两类，一是终年分布在大陆架外缘 80 m 水深以东海域，没有明显的产卵洄游和越冬洄游，如黄鲷、大眼鲷、红娘鱼、绿鳍鱼、日本海鲂、狗母鱼、光掌蟳等。另一类型有明显的洄游活动，如绿鳍马面鲀、黄鳍马面鲀早春自北向南作产卵洄游，夏秋季自南而北作索饵洄游；又如太平洋褶柔鱼（冬生群），能作长距离的洄游活动，越冬场和产卵场在浙江中南部大陆架外缘深水海域，春夏季北上索饵交配，秋冬季南下越冬产卵，进行季节性洄游。

第二节　种类组成

一、鱼类

（一）种类组成

有关东海的鱼类，过去有较多的报道，朱元鼎等（1963）报道东海水深 80 m 以浅的沿岸、近海鱼类种类 29 目 152 科 442 种。邓思明等（1980）报道东海（26°20′—32°45′N，122°30′—127°30′E），水深 80～120 m 的鱼类 32 目 114 科 345 种。许成玉等（1986）报道，东海大陆架外缘和大陆坡（26°00′—33°00′N，123°00′—129°15′E），水深 120～1 055 m 的鱼类 31 目 136 科 337 种。农牧渔业部水产局等（1987）报道，东海区有鱼类 36 目 177 科 408 属 694 种。赵传绸等（1990）报道，东海大陆架有鱼类 727 种。浙江省水产局（1999）报道，浙江渔场鱼类种类 37 目 152 科 523 种（表 2-2-1）。其中，软骨鱼类 55 种，占 10.52%，硬骨鱼类 468 种，占 89.48%。从种类数看，以鲈形目最多，达到 57 科 219 种，其次是鲉形目 10 科 33 种，鲀形目 7 科 33 种，鲽形目 5 科 33 种，鲱形目 3 科 30 种，鳗鲡目 8 科 25 种。张秋华等（2007）报道，东海区有鱼类 1 731 种，这个记录远高于历史上的记载。

表 2-2-1　浙江渔场鱼类各目的科、种数

目	科	种	目	科	种
六鳃鲨目 Hexanchiformes	1	1	鲱形目 Clupeiformes	3	30
虎鲨目 Heterodontiformes	1	2	灯笼鱼目 Myctophiformes	2	8
鲭鼠鲨目 Lamniformes	3	3	鳗鲡目 Anguilliformes	8	25
须鲨目 Orectolobiformes	2	3	颌针鱼目 Beloniformes	3	16
真鲨目 Carcharhiniformes	4	13	鳕形目 Gadiformes	4	10
角鲨目 Squaliformes	1	3	海龙目 Syngnathiformes	3	11
扁鲨目 Squatiniformes	1	1	月鱼目 Lampriformes	1	1
锯鲨目 Pristiophoriformes	1	1	金眼鲷目 Beryciformes	1	1
鳐形目 Rajiformes	5	11	海鲂目 Zeiformes	1	1
锯鳐目 Pristiformes	1	1	鲻形目 Mugiliformes	3	13
鲼形目 Myliobatiformes	5	14	鲈形目 Perciformes	57	219
海鲢目 Elopiformes	3	3	鲉形目 Scorpaeniformes	10	33

续表

目	科	种	目	科	种
鼠鱚目 Gonorhynchiformes	2	2	鲫形目 Echeneiformes	1	2
鲑形目 Salmoniformes	3	8	鲽形目 Pleuronectiformes	5	33
巨口鱼目 Stomiiformes	1	1	鲀形目 Tetraodontiformes	7	33
银汉鱼目 Atheriniformes	1	3	鮟鱇目 Lophiiformes	3	5
豹鲂鮄目 Dactylopteriformes	1	3	海蛾鱼目 Pegasiformes	1	1
电鳐目 Torpediniformes	1	2			
银鲛目 Chimaeriformes	1	1			
鲟形目 Acipenseriformes	1	2			

引自：浙江省水产局，1999.

浙江渔场是东海大陆架的重要渔场，其鱼类组成除东海大陆架外缘以东的深海鱼类以及台湾海峡的地方性种外，200 m 以浅的东海大陆架海域的鱼类基本包含浙江渔场的鱼类种类组成。因此认为，浙江渔场的鱼类种类组成应与东海大陆架的鱼类种类组成相近，即700 余种。

（二）主要经济种

1. 带鱼 _Trichiurus haumela_（Forskål）

带鱼属鲈形目、带鱼科、带鱼属，为中下层暖温性鱼类，广泛分布于我国沿海。浙江海区带鱼属东海群系，进行南北季节性洄游，其中心分布区在浙江近海。在南北洄游过程中形成不同季节的生产渔汛，其中以浙江沿海冬季带鱼汛最重要。鼎盛时期云集了东海区三省一市渔船，形成全国规模最大的渔汛。带鱼为浙江渔场产量最高的鱼种，20 世纪 70 年代浙江省带鱼最高年产量为 34×10^4 t（1974 年），占东海区带鱼产量的 64%。由于捕捞强度过大和滥捕幼鱼、亲鱼，带鱼资源出现下降。80 年代浙江省带鱼平均年产量只有 23.18×10^4 t，80 年代中期以后，加强了对幼鱼和产卵亲鱼的保护。90 年代中期又实施伏季拖网和帆张网休渔措施，使带鱼资源状况有所改善，产量出现回升，1995 年浙江省带鱼产量上升到 58×10^4 t。2001—2010 年维持在 $50 \times 10^4 \sim 60 \times 10^4$ t 的水平，但带鱼群体个体小型化、低龄化严重，带鱼资源处在生长形过度捕捞状态。

2. 大黄鱼 _Pseudosciaena crocea_（Richardson）

大黄鱼属鲈形目、石首鱼科、黄鱼属，系暖温性底层鱼类，分布于黄海南部、东海、南海及朝鲜半岛西南水域。浙江省大黄鱼属岱钜族地理种群，且具有不同生殖期的"春宗"和"秋宗"两个种群。一般分布在近海水域，栖息水深不超过 80 m。每年 1—3 月是大黄鱼越冬期，4—6月自南而北进入各产卵场产卵，形成主要的生产渔汛。大黄鱼是浙江省传统重要经济鱼类，20世纪50—60年代一般年产量为 $7.5 \times 10^4 \sim 10.0 \times 10^4$ t，最高年产量 16.81×10^4 t，占海洋捕捞总产量的10%~20%。70年代后，资源遭到严重破坏，1985年后降至万吨以下，不能形成渔汛，资源严重衰退，至今未能恢复。

3. 小黄鱼 *Pseudosciaena polyactis* Bleeker

小黄鱼也属石首鱼科、黄鱼属，系暖温性近底层鱼类，分布于渤海、黄海、东海和朝鲜半岛西部水域。浙江近海小黄鱼属东海族，每年春季小黄鱼从越冬场进入沿海产卵，形成历史上规模较大的春季小黄鱼汛。小黄鱼也是浙江省传统的重要经济鱼类，20世纪50年代浙江省小黄鱼年产量一般为 $2 \times 10^4 \sim 4 \times 10^4$ t，60年代起小黄鱼产量明显下降，由于过度捕捞，资源遭到严重破坏，80年代末产量不到2 000 t。80年代开始对吕泗小黄鱼产卵场实施休渔等资源保护措施，90年代东海区又实施底拖网、帆张网伏季休渔措施，对小黄鱼起保护作用，自90年代初开始小黄鱼资源有所好转，产量逐年增加，21世纪初，浙江省小黄鱼年产量达到 $8 \times 10^4 \sim 9 \times 10^4$ t，但捕捞的多为当龄幼鱼，群体低龄化、小型化严重。

4. 银鲳 *pampus argenteus*（Euphrasen）和灰鲳 *Pampus cinereus*（Blok）

银鲳和灰鲳同属鲳科、鲳属，前者体形较小，银白色，产卵期较早，后者体形较大，灰黑色，产卵期稍迟。二者均属暖温性中上层鱼类。我国沿海和朝鲜半岛、日本西部水域、印度洋都有分布。鲳鱼是浙江渔民传统的捕捞品种，4—5月性腺成熟的鲳鱼进入沿岸浅水区产卵繁殖，形成鲳鱼渔汛，是沿海流网和张网捕捞的重要汛期。鲳鱼也是拖网渔船重要的兼捕对象，几乎周年都有渔获。浙江省鲳鱼年产量，20世纪70年代前为 1×10^4 t左右，80年代后增加到 $2 \times 10^4 \sim 3 \times 10^4$ t，90年代实施伏季休渔措施后，鲳鱼产量增长较快，21世纪初，浙江鲳鱼产量达到 $11 \times 10^4 \sim 13 \times 10^4$ t，但鱼体小型化，资源已过度利用。

5. 鳓鱼 *Ilisha elongata*（Bennett）

鳓鱼属鲈形目、鲱科、鳓属，为暖温性中上层鱼类，是印度—西太平洋广布种，我国沿海均有分布，以浙江和江苏近海产量最高。每年春末夏初，鳓鱼进入沿岸产卵场产卵，形成捕捞渔汛。鳓鱼也是浙江省重要优质经济鱼类，20世纪70年代年产量为5 000~9 000 t，80年代后资源减少，渔汛衰败，产量不足5 000 t，2001—2010年略有上升，在5 000~10 000 t，资源处于过度捕捞状态。

6. 白姑鱼 *Argyrosomus argentatus*（Houttuyn）

白姑鱼属石首鱼科、白姑鱼属，为暖温性近底层鱼类，栖息于水深40~100 m海域，广泛分布于渤海、黄海、东海和南海，是重要的经济鱼类资源之一。浙江渔场白姑鱼属东海群系，春夏季白姑鱼进入浙江近海索饵和产卵活动，成为国营公司和群众渔业底拖网作业的兼捕对象，2003—2010 年浙江省年产量为 $4×10^4 \sim 5×10^4$ t。

7. 海鳗 *Muraenesox cinereus*（Forskål）

海鳗属鳗科、海鳗属，为暖水性近底层鱼类，广泛分布于渤海、黄海、东海、南海以及朝鲜半岛、日本等周围海域，是我国重要的经济鱼类之一。浙江渔场海鳗属东海南部群系，越冬场在浙江南部外海，春夏季鱼群沿浙江近海自南向北移动，秋冬季又自北向南返回越冬场。海鳗集群性较差，对环境的适应能力较强，属广温广盐性鱼类，是拖网作业重要的兼捕对象。20 世纪 80 年代，浙江省海鳗产量在 $1×10^4$ t 左右，90 年代后增长较快，1998—2010 年产量增至 $7×10^4 \sim 9×10^4$ t。

8. 蓝点马鲛 *Scomberomorus niphonius*（Cuvier et Valenciennes）

蓝点马鲛属鲅科、马鲛属，为暖温性中上层鱼类，广泛分布于印度洋、太平洋西北部，我国渤海、黄海、东海、南海都有分布。冬季分布于浙江渔场中南部 80 m 水深以东越冬的鱼群，春季进入浙江沿岸产卵，产卵场与大黄鱼、鳓鱼、鲳鱼产卵场大致相同，产卵后鱼群分布在近海索饵并继续北上洄游，冬季返回越冬场越冬。马鲛鱼是流刺网作业主要捕捞对象，又为拖网、围网、对网所兼捕。20 世纪 80 年代浙江省年产量不到 $1×10^4$ t，90 年代上升到 $1×10^4 \sim 2×10^4$ t，90 年代末至 2010 年上升至 $6×10^4 \sim 7×10^4$ t。

9. 绿鳍马面鲀 *Navodon septentrionalis*（Günther）

绿鳍马面鲀属鲀形目、革鲀科、马面鲀属，系外海暖温性近底层鱼类，分布于东海、黄海、日本海和日本东部沿海。东海南自钓鱼岛附近海域，北至济州岛、对马海域都有分布。每年 1—5 月形成主要生产渔汛。马面鲀是 20 世纪 70 年代开发的重要经济鱼类，70—80 年代马面鲀资源比较稳定，浙江省年产量为 $10×10^4$ t 左右，高的年份为 $12.66×10^4$ t。80 年代末 90 年代初资源急剧衰败，产量直线下降，1993 年浙江省产量不足 $1×10^4$ t。

10. 鲐鱼 *Pneumatophorus japonicus*（Houttuyn）

鲐鱼属鲈形目、鲭科、鲐属，为暖水性上中层鱼类，我国近海和菲律宾、日本、韩国均有分布。鲐鱼为长距离洄游性鱼类。浙江近海鲐鱼属东海群系，越冬场在钓鱼岛以北的浙江中南部 $100 \sim 200$ m 水深海域。每年 4—5 月，产卵群体随暖流进入浙江中南部近海和海礁、长江口渔场产卵，部分鱼群继续北上进入黄海渔场。6 月以后，在浙江沿岸岛屿周围海域可捕到当年生幼鱼，当龄幼鱼生长较快。8—9 月分布在海礁、长江口海区索饵，成为灯光围网和底拖网的捕捞对象。10 月上中旬离开沿岸向东南洄游，进入越冬海区。

浙江省鲐鱼从 20 世纪 70 年代初开发利用，80—90 年代年产量高时超过 $5×10^4$ t，2001—2010 年年产量增至 $10×10^4 ~ 15×10^4$ t，资源有一定潜力。

11. 蓝圆鲹 *Decapterus maruadsi*（Temminck et Schlegel）

蓝圆鲹属鲈形目、鲹科、圆鲹属，为暖水性、集群性上中层鱼类，我国南海、东海、黄海和日本、韩国等海域均有分布。浙江渔场的蓝圆鲹属东海洄游群系，洄游分布范围较广。每年 4—7 月，蓝圆鲹生殖鱼群自南而北进入浙江沿岸岛屿周围海域产卵，7—10 月成鱼和幼鱼分布在浙江北部近海索饵，形成灯光围网作业的生产汛期。浙江省 20 世纪 70 年代发展灯光围网作业，蓝圆鲹和鲐鱼成为主要捕捞对象，是秋季重要的生产渔汛，产量迅速上升。90 年代初灯围作业锐减，致使鲐、鲹鱼产量下降，1996 年以后有所上升，2001—2010 年浙江省蓝圆鲹年产量波动在 $3×10^4 ~ 10×10^4$ t 之间，资源仍有较大开发潜力。

除了上述资源数量较大、经济价值较高、能形成生产渔汛的主要经济鱼类外，还有下列种类也是海洋捕捞中有一定数量的经济种，如鮸鱼（*Miichthys miiuy*）、刺鲳（*Psenopsis anamala*）、黄姑鱼（*Nibea albiflora*）、鲨鱼（*Carcharhinus* spp.）、石斑鱼（*Epinephelus* spp.）、鲥鱼（*Macrura reeuesii*）、鲈鱼（*Lateolabrax japonicus*）、方头鱼（*Branchiostegus japonicus*）、沙丁鱼（*Sardinella autrita*）、竹荚鱼（*Trachurus japonicus*）、黄鲷（*Taius tumifrons*）、真鲷（*Pagrosomus major*）、大眼鲷（*Priacanthus*）、宽体舌鳎（*Cynoglossus robustus*）、黄鮟鱇（*Lophius litulon*）、红娘鱼（*Lepidotrigla japonica*）、魟（*Dasyatis* spp.）、鳐（*Raja* spp.）等。还有一些资源数量较多的小型鱼类，如龙头鱼（*Harpodon nehereus*）、鳀鱼（*Engraulis japonicus*）、黄鲫（*Setipinna taty*）、棘头梅童（*Collichthys lucidus*）、凤鲚（*Coilia mystus*）、刀鲚（*Coilia ectenes*）等，是沿岸张网作业和小型作业重要捕捞对象，也有重要的经济价值。

（三）珍稀种类

1. 姥鲨 *Cetorhinus maximus*（Gunner）

姥鲨属鲭鲨目、姥鲨科，是外海大洋性上层鱼类，分布于大洋的温带和亚寒带海区，在我国分布于东海和黄海。每年 3—4 月，姥鲨从外海游向福建东北部沿岸，5—6 月出现于浙江温州和舟山一带，7—8 月北上黄海，秋季南下转向外海。姥鲨有较明显的昼夜垂直移动，在拂晓和黄昏上升到表层，其他时间大都栖息于深水层，喜结成小群，每群 60 ~ 100 余尾，排列整齐。姥鲨个体庞大，体长一般 6 ~ 10 m，重 2 ~ 4 t，仅次于鲸鲨。以浮游动物为食，兼食鳀鱼、沙丁鱼等小型上层结群性鱼类。姥鲨肝脏特大，含油率高，皮可制革，鳍可制成鱼翅，利用价值甚高。姥鲨在我国的年产量通常为 500 ~ 600 尾，20 世纪 70 年代中期后，年产仅 100 ~ 200 余尾，21 世纪以来数量更少。

2. 鲸鲨 *Rhincodon typus* Smith

鲸鲨属须鲨目、鲸鲨科，是外海暖水性稀有的上层鱼类，分布于热带和温带大洋海域，我国南海、东海和黄海均有分布。1957 年 10 月和 1961 年 11 月在浙江东亭岛和渔山列岛东南曾有捕获。鲸鲨是现存鱼类中最大的一种，捕获的最大个体可达 18.3 m，重逾 5 t。鲸鲨系卵生，以浮游性甲壳类为食，兼食头足类和小型结群性鱼类。其资源状况尚不明确，估计全世界年产量也仅数百尾。

3. 勒氏皇带鱼 *Regalecus russellii*（Shaw）

勒氏皇带鱼属月鱼目、皇带鱼科，是深海大洋暖水性稀有鱼类，分布于大洋的温带和热带海域，我国南海、东海和黄海南部都有分布。勒氏皇带鱼生活在深海的中上层，产浮性卵，解剖鱼胃时发现有大量浮游生物，主要为磷虾。20 世纪 50 年代以来，在浙江外海曾数次捕获。

4. 褐毛鲿鱼 *Megalonibea fusca* Chu，Lo et wu

褐毛鲿鱼属鲈形目、石首鱼科，是近海暖温性名贵大型底层鱼类，分布于东海中北部和黄海南部。越冬场位于渔山和大陈岛外侧海域，3—6 月游向近岸浅水区索饵、产卵，产卵场在浙江中部的猫头洋、浙江北部的金塘岛附近 8~10 m 水深海域，喜栖息于岩礁和石砾中。

毛鲿体形大，通常成鱼体重 35~40 kg，大的可达 70 kg，为掠食性凶猛鱼类，以鱼类和头足类等为食。20 世纪 70 年代以前资源较为稳定，由于分布范围狭小，种群数量不大，70 年代后捕捞强度不断增加，资源数量每况愈下，历史最高年产量曾达千吨以上，现已成稀缺鱼种。毛鲿鳔加工制成"毛鲿胶"，是一种名贵补品。

5. 黄唇鱼 *Bahaba fiavolabiata*（Lin）

黄唇鱼属鲈形目、鲷科，是近海暖温性名贵底层鱼类，是我国特有的地方种。分布于东海和南海，栖息于近海水深 50~60 m 海域，幼鱼栖息于河口及附近沿岸水域。黄唇鱼体形大，一般体长 1~1.5 m，重 15~30 kg，大的可达 50 kg，为肉食性鱼类，以小型鱼类和虾蟹类为食，其肉鲜美，鳔被列为上等补品。20 世纪 50—60 年代在浙江沿海常有捕获，现数量已极少。

二、甲壳类

（一）虾类

1. 种类组成

根据历年虾类资源调查，浙江渔场有虾类 156 种，隶属于 27 科 80 属，其中经济价值较高、数量较多、成为渔业捕捞对象的常见种有 40 余种，以对虾科、管鞭虾科的种类最多，达 14 属 37 种，大多数为大、中型虾类，如对虾属、新对虾属、仿对虾属、鹰爪虾属、赤虾属、拟对虾属、管鞭虾属等种类，都为重要的经济种，群体数量较大，是浙江近外海主要的捕捞对象。还有长臂虾科的长臂虾属、白虾属，樱虾科的毛虾属的种类，是沿岸海区重要的经济种。从拖虾作业虾类的重量组成看，以假长缝拟对虾（*Parapenaeus fissuroides*）、长角赤虾（*Metapenaeopsis longirostris*）、葛氏长臂虾（*Palaemon gravieri*）、须赤虾（*Metapenaeopsis barbata*）最高，分别占虾类总重量组成的 14.8%、12.9%、12.6%、9.3%，其次是凹管鞭虾（*Solenocera koelbeli*）（5.9%）、中华管鞭虾（*Solenocera crassicornis*）（5.7%）、鹰爪虾（*Trachypenaeus curvirostris*）（5.6%）、大管鞭虾（*Solenocera melantho*）（5.2%）、哈氏仿对虾（*Parapenaeopsis hardwickii*）（4.8%）、戴氏赤虾（*Metapenaeopsis dalei*）（4.0%）。个体小的东海红虾（*Plesionika izumiae*）也占有较高的比重，达到 6.2%；高脊管鞭虾（*Solenocera alticarinata*）、细巧仿对虾（*Parapenaeopsis tenella*）也占有一定的比例，分别在 3.0% 左右。上述 13 种虾类占拖虾作业虾类总重量的 93%，是拖虾生产的主要捕捞对象。浙江渔场虾类各科的属、种数列于表 2-2-2。

表 2-2-2 浙江渔场虾类的科、属、种数

科	属	种	科	属	种
须虾科 Aristeidae	5	5	长眼虾科 Ogyrididae	1	2
管鞭虾科 Solenoceridae	2	6	藻虾科 Hippolytidae	7	12
对虾科 Penaeidae	12	31	长额虾科 Pandalidae	7	14
单肢虾科 Sicyonidae	1	2	褐虾科 Crangonidae	3	4
樱虾科 Sergestidae	2	8	镰虾科 Glyphocrangonidae	1	2
猬虾科 Stenopodidae	1	1	海螯虾科 Nephropsidae	3	4
玻璃虾科 Pasiphaeidae	5	10	阿蛄虾科 Axiidae	2	2
刺虾科 Oplophoridae	3	7	美人虾科 Callianassidae	1	1
剪足虾科 Psalidopodidae	1	1	泥虾科 Laomediidae	1	1
线足虾科 Nematocarcinidae	1	1	蝼蛄虾科 Upogebiidae	1	1

科	属	种	科	属	种
棒指虾科 Stylodactylidae	1	1	鞘虾科 Eryonidae	2	3
长臂虾科 Palaemonidae	5	16	龙虾科 Palinuridae	2	4
异指虾科 Processidae	2	2	蝉虾科 Scyllaridae	5	7
鼓虾科 Alpheidae	4	8			

2. 主要经济种

（1）中华管鞭虾 *Solenocera crassicornis*（H. Milne-Edwards）

中华管鞭虾属十足目、枝鳃亚目、管鞭虾科、管鞭虾属，属广温广盐性虾类，分布于印度、马来西亚、印度尼西亚、阿拉弗拉海、日本及中国的南海、东海和黄海南部。在浙江渔场主要分布于 20~60 m 水深海域，捕捞汛期主要在秋季。资源量为 $1×10^4 ~ 2×10^4$ t，是鲜销和加工冻虾仁、干虾米的重要原料，利用历史较长。20 世纪 70 年代末以前，主要为沿岸定置张网的兼捕对象，资源未得到充分利用。20 世纪 80 年代初发展桁杆拖虾作业以后，成为浙江渔场重要的捕捞对象之一，与哈氏仿对虾、鹰爪虾、葛氏长臂虾一起，构成浙江渔场沿岸、近海四大捕捞品种。

（2）凹管鞭虾 *Solenocera koelbeli* de Men

凹管鞭虾属十足目、枝鳃亚目、管鞭虾科、管鞭虾属，属高温高盐性虾类，分布于日本、马来西亚及中国的台湾、东海和南海海域。在浙江渔场主要分布于 60 m 水深以东、舟山渔场以南的外海海域。该海域在外海高盐水控制下，夏秋季随着高盐水势力增强，在舟山渔场南部及鱼山渔场、温台渔场一带海域有较密集分布，捕捞汛期在夏秋季，资源量为 $1×10^4$ t 左右，是 20 世纪 80 年代中期开发的虾类资源之一，常与大管鞭虾、假长缝拟对虾、须赤虾、高脊管鞭虾一起捕获，渔期在 6—9 月，是水产加工企业生产冻虾仁的重要原料之一。

（3）大管鞭虾 *Solenocera melantho* de Men

大管鞭虾属十足目、枝鳃亚目、管鞭虾科、管鞭虾属，属高温高盐性虾类，分布于日本及中国的台湾、东海和南海海域。在浙江渔场主要分布于 60 m 水深以东、舟山渔场以南高盐水海域。春季大管鞭虾从外海深水区随台湾暖流水向北和西北方向移动，在舟外渔场、鱼山渔场和温台渔场 60~80 m 水深一带分布密度较高，夏秋季形成捕捞汛期，资源量约为 $1×10^4$ t，是 20 世纪 80 年代中期开发的虾类资源之一，是水产加工企业生产冻虾仁的重要原料。用其生产的虾仁色泽鲜红、质量上等，深受消费者青睐。

（4）高脊管鞭虾 *Solenocera alticarinata* Kubo

高脊管鞭虾属十足目、枝鳃亚目、管鞭虾科、管鞭虾属，高温高盐属性，分布于日本、菲律宾及中国的东海和南海。在浙江渔场分布于 60 m 水深以东海域，在温台渔场、鱼山渔场和江外渔场、沙外渔场分布密度较高。捕捞汛期在夏秋季，常和大管鞭虾、凹管鞭虾一起捕获。资源量为 1×10^4 t 左右，是 20 世纪 80 年代中期开发的虾类资源之一，是水产加工企业生产冻虾仁的原料。

（5）日本囊对虾 *Marsupenaeus japonicus*（Bate）

日本囊对虾属十足目、枝鳃亚目、对虾科、囊对虾属，适盐性较广，分布于非洲东岸、红海、印度、马来西亚、菲律宾、日本和中国的南黄海、东海和南海海域。在浙江渔场分布于 40~100 m 水深海域。冬春季在 28°00′N 以南、100 m 水深附近较为密集，夏秋季自长江口以南的浙江近海都有分布，捕捞汛期在夏秋季。日本囊对虾是东海大型虾类中数量较多的一种，资源量为 1 000~2 000 t。20 世纪 80 年代中期以前，数量少，未形成专业捕捞。80 年代中期以后，随着近海经济鱼类资源衰退，捕食虾类的鱼类减少，日本囊对虾数量上升，成为拖虾作业重要的捕捞对象之一。渔期在 8—10 月，在拖虾作业中是一种个体大、价格高的捕捞品种，是国内外市场畅销的优质水产品。

（6）哈氏仿对虾 *Parapenaeopsis hardwickii*（Miers）

哈氏仿对虾属十足目、枝鳃亚目、对虾科、仿对虾属，广温广盐属性，分布于印度、马来西亚、加里曼丹、新加坡、日本及中国的黄海南部、东海和南海。浙江渔场 10~60 m 水深都有分布，春季从外侧深水海区进入沿岸浅水海区产卵，夏季幼虾密集分布在 30 m 水深以内的沿岸水域索饵成长，并随个体逐渐长大向外侧海区移动，秋季在 30~50 m 水深海域密度较高，冬季向东可分布到江外渔场、舟外渔场 60 m 水深以东海域越冬。捕捞汛期在秋冬季。资源量为 1×10^4 ~ 1.5×10^4 t。20 世纪 70 年代末以前，主要为沿岸定置张网作业所捕捞，80 年代初发展桁杆拖虾作业以来，资源已充分利用。该虾肉质鲜美，为人们所喜食，视为虾类上品，多为鲜销或制成虾干，畅销国内外市场。

（7）鹰爪虾 *Trachypenaeus curvirostris*（Stimpson）

鹰爪虾属十足目、枝鳃亚目、对虾科、鹰爪虾属，分布于日本、朝鲜、韩国、中国，南至马来西亚、印度尼西亚、澳大利亚，西至印度、非洲东岸、马达加斯加及地中海东部，是印度—西太平洋广布种。在浙江渔场主要分布于 40~65 m 水深海域，在长江口以东海域可分布到 100 m 水深海域。春季，鹰爪虾从越冬海区向近海聚集，进行产卵活动，尤其在舟山群岛以东的台湾暖流锋舌区有较密集分布，在梅雨季节形成捕捞汛期。夏秋季在 30°00′N 以北海域和浙南近海有较多分布，是浙江近海优势种之一，资源量为 1×10^4 ~ 2×10^4 t。

（8）假长缝拟对虾 *Parapenaeus fissuroides* Crosnier

假长缝拟对虾属十足目、枝鳃亚目、对虾科、拟对虾属，高温高盐属性，分布于日本、印度、马来西亚、红海和中国的东海和南海海域。在浙江渔场主要分布于舟外渔场、鱼山渔场、温台渔场及相邻的闽东渔场，水深 60~120 m 海域。夏季随台湾暖流向北推进，可分布到舟山渔场南部海域和江外渔场。冬春季正在成长的补充群体，在温台渔场和闽东渔场有较密集分布。该种在台湾的基隆一带也是重要的经济种。捕捞汛期主要在春夏季。资源量为 $1.5×10^4$~$2.5×10^4$ t，是 20 世纪 80 年代中期开发的虾类资源之一，是水产企业加工虾类产品的重要原料。

（9）须赤虾 *Metapenaeopsis barbata*（de Haan）

须赤虾属十足目、枝鳃亚目、对虾科、赤虾属，高温高盐属性，分布于日本、菲律宾、马来西亚和中国的东海、南海海域。浙江渔场主要分布于盐度 34 以上的高盐水海域，在浙江中南部外侧海区至闽东渔场均有分布，常与凹管鞭虾、大管鞭虾、假长缝拟对虾一起捕获，捕捞汛期在夏秋季，资源量约为 $1×10^4$ t，也是 20 世纪 80 年代开发的虾类资源之一，是水产加工企业生产虾系列产品的重要原料之一。

（10）长角赤虾 *Metapenaeopsis longirostris* Crosnier

长角赤虾属十足目、枝鳃亚目、对虾科、赤虾属，高温高盐属性，分布于日本，中国东海和南海，菲律宾、马来西亚、印度尼西亚、安达曼群岛、印度、非洲东岸。在浙江渔场主要分布在南部海域，以温台渔场、鱼外渔场数量较多，冬春季在温台渔场、闽东渔场分布密度较高，夏秋季随台湾暖流北上，在舟外渔场也有少量分布，渔期在冬春季。资源量为 $1.5×10^4$~$2.5×10^4$ t，但因个体较小，食用价值不如其他中型虾类，可鲜销或干制成虾米，有一定的经济价值。

（11）葛氏长臂虾 *Palaemon gravieri*（Yu）

葛氏长臂虾属十足目、腹胚亚目、长臂虾科、长臂虾属，是中国和朝鲜近海的特有种。东海主要分布于30°00′N 以北海域。30°00′N 以南海域，数量大大减少，只在沿岸水域有少量分布。春夏季，葛氏长臂虾从外侧海域进入沿岸浅水海区产卵，在长江口、江苏沿岸、浙江北部岛屿周围水域分布比较密集。秋冬季，当年生群体分布在外侧深水海域索饵越冬，在30°00′N 以北海域广为分布。资源量为 $1×10^4$~$2×10^4$ t，利用历史较长。20 世纪 70 年代末以前是沿岸定置张网和小拖网的主要捕捞对象，春夏季在沿岸海域利用其生殖群体为主，此虾个体虽不大，但肉质坚实、味道鲜美，是人们喜食的品种，其干制品"黄龙虾米"曾享有盛名。

（12）中国毛虾 *Acetes chinensis* Hansen

中国毛虾属十足目、枝鳃亚目、樱虾科、毛虾属，个体较小，营浮游生活，分布于渤海、黄海、东海沿岸和南海北部沿岸海域。浙江渔场 50 m 水深以浅海域都有分布。春季，毛虾从 50 m 水深以东的越冬场，朝西北方向向近海洄游，5—8 月在沿岸低盐浅水海域繁殖产卵，幼虾在浅水海域索饵成长，秋季逐渐向外侧海域移动，冬春季形成捕捞汛期，渔场主要在近海 30~50 m 水深海域，以温台渔场为主，其次是鱼山、舟山近海渔场。中国毛虾历来是浙江省重要的捕捞对象，20 世纪 80 年代浙江省年产量 $6×10^4$~$7×10^4$ t，90 年代上升到 $10×10^4$ t，2003 年以后突破 $20×10^4$ t，占东海区毛虾年产量的 60%~70%，在海洋捕捞业中占有重要位置。毛虾捕捞渔具以定置张网作业为主，周年都可捕获，以冬春季产量最高，质量最好，除少数鲜销外，制成干制品，备受群众欢迎，是老年人补钙的优良食品。

（二）蟹类

1. 种类组成

根据董聿茂（1983）报道，浙江海域（包括潮间带）有蟹类156种，另据1998—1999年，对26°00′—33°00′N，127°00′E以西海域虾蟹资源调查，共鉴定蟹类71种，隶属于13科42属（表2-2-3），但有经济价值，群体数量较大，作为渔业捕捞对象的种类不多，主要有梭子蟹科的三疣梭子蟹（*Portunus trituberculatus*）、红星梭子蟹（*Portunus sanguinolentus*）、日本蟳（*Charybdis japonica*）、细点圆趾蟹（*Ovalipes punctatus*）、锈斑蟳（*Charybdis feriatus*）、武士蟳（*Charybdis miles*）、光掌蟳（*Charybdis riversandersoni*）和锯缘青蟹（*Scylla serrata*）等，其他都属经济价值较差或无经济价值的种类。一些小型蟹类，如双斑蟳（*Charybdis bimaculata*）、银光梭子蟹（*Portunus argentatus*）、矛形梭子蟹（*Portunus hastatoides*），虽然数量较多，但个体小，利用价值不大。

表 2-2-3 浙江渔场蟹类的科、属、种数

科	属	种	科	属	种
锦蟹科 Dromiidae	3	3	盔蟹科 Corystidae	1	1
蛛形蟹科 Latreillidae	1	2	黄道蟹科 Cancridae	1	1
蛙蟹科 Raninidae	1	1	梭子蟹科 Portunidae	4	20
关公蟹科 Dorippidae	1	3	扇蟹科 Xanthidae	7	7
玉蟹科 Leucosiidae	7	9	长脚蟹科 Goneplacidae	5	9
馒头蟹科 Calappidae	3	5	豆蟹科 Pinnotheridae	2	2
蜘蛛蟹科 Majidae	6	8			

2. 主要经济种

（1）三疣梭子蟹 *Portunus trituberculatus*（Miers）

三疣梭子蟹属短尾次目、梭子蟹科、梭子蟹属，我国的渤海、黄海、东海和南海都有分布，群体数量比较大，是重要的经济蟹类，是海洋捕捞业主要的捕捞对象，利用历史较长。东海主要分布在大沙渔场、长江口渔场和舟山渔场20～50 m水深海域，渔期在9—12月，主要的捕捞渔具有梭子蟹流网、蟹笼，也为对网、底拖网、桁杆拖虾网、定置张网所兼捕，营养价值高，是人们喜食的水产品，也是出口创汇的重要产品。浙江省一般年产量

$5×10^4$ t 左右，高的年份达 $10×10^4$ t。

（2）红星梭子蟹 *Portunus sanguinolentus*（Herbst）

红星梭子蟹属短尾次目、梭子蟹科、梭子蟹属，分布于东海、南海。浙江渔场红星梭子蟹常与三疣梭子蟹混栖，是传统的海洋捕捞种类之一，但分布水深比三疣梭子蟹略浅，产量远不及三疣梭子蟹，主要为张网、拖网等作业的兼捕对象。进入 20 世纪 90 年代以后，由于蟹笼作业的兴起，该种与锈斑蟳、日本蟳等一起被相继开发利用，产量有上升趋势。

（3）细点圆趾蟹 *Ovalipes punctatus*（De Haan）

细点圆趾蟹属短尾次目、梭子蟹科、梭子蟹属，分布于黄海、东海、南海。东海主要分布于大沙-长江口渔场、舟外渔场和闽东渔场外侧。细点圆趾蟹资源丰富，是目前东海蟹类中群体数量较大、资源密度较高的一种食用蟹，是具有开发潜力的蟹类资源。

（4）锈斑蟳 *Charybdis feriatus*（Linnaeus）

锈斑蟳属短尾次目、梭子蟹科、梭子蟹属，分布于东海、南海。东海主要分布于长江口以南 60 m 水深以浅的浙江沿岸和近海海域；渔场主要在鱼山渔场、温台渔场及闽东渔场，是一种大型食用蟹类，过去仅为底拖网、拖虾网等作业的兼捕对象。20 世纪 90 年代以后，随着蟹笼作业的兴起，锈斑蟳逐渐成为浙江中南部渔民冬春汛的主要捕捞对象，产量迅速提高。该种个体大，肉质鲜美，生命力较强，颇受人们喜欢，活蟹销售价格已超过三疣梭子蟹。

（5）日本蟳 *Charybdis japonica*（A. Milne-Edwards）

日本蟳属短尾次目、梭子蟹科、梭子蟹属，分布于渤海、黄海、东海和南海。东海主要分布于大沙渔场、长江口渔场 $20 \sim 60$ m 水深海域、浙江沿海 $10 \sim 30$ m 水深海域及沿岸岛礁周围，是重要的中大型可食用蟹类。主要汛期在 9—12 月。20 世纪 80 年代以前，捕获量不高，利用不充分。80 年代初，浙江发展桁杆拖虾作业，特别是 90 年代以后推广蟹笼作业，使该资源得到进一步开发利用。

（6）武士蟳 *Charybdis miles* De Haan

武士蟳属短尾次目、梭子蟹科、梭子蟹属，分布于中国的东海和南海。浙江渔场主要分布于中南部 $40 \sim 100$ m 水深海域，以 60 m 水深左右数量较多，主要为底拖网、拖虾网等作业的兼捕对象。渔期在冬、春季。武士蟳是 20 世纪 90 年代以后才开发利用的资源，近年来渔获量呈上升趋势。

（7）光掌蟳 *Charybdis riversandersoni* Alcock

光掌蟳属短尾次目、梭子蟹科、梭子蟹属，东海主要分布于 $30°00'$N 以南海域，即浙江渔场中南部水深 80 m 以深的外侧海域。光掌蟳是 20 世纪 90 年代以来浙江省新开发的一种中大型食用蟹类，是浙江中南部外海蟹类的优势种，以春、夏季数量较多，8 月高的网次可占蟹类渔获重量组成的 76.0%，具有一定的开发利用潜力。

（8）锯缘青蟹 *Scylla serrata*（Forskål）

锯缘青蟹属短尾次目、梭子蟹科、青蟹属，分布于东海和南海，浙江、福建沿海的河口、港湾、沿岸海域都有分布，是沿岸小型作业重要的捕捞对象，该种离水后不易死亡，是传统的出口水产品，经济价值较高。

（三）口足类

根据董聿茂等（1983）报道，东海口足类共有 22 种，隶属于 4 科 11 属（表 2-2-4），其中以虾蛄科的种类最多，达 8 属 19 种，作为渔业主要捕捞对象的优势种主要为口虾蛄（*Oratosquilla oratoria*），广泛分布于浙江沿岸、近海。其次是黑斑口虾蛄（*Oratosquilla kempi*）、无刺口虾蛄（*Oratosquilla inornata*）、屈足口虾蛄（*Oratosquilla gonypetes*）、尖刺口虾蛄（*Oratosquilla mikado*）等。后两种主要分布于浙南外海 100 m 水深附近海域。

表 2-2-4　东海口足类的科、属、种数

科	属	种
虾蛄科 Squillidae	8	19
仿虾蛄科 Pseudosquillidae	1	1
琴虾蛄科 Lysiosquillidae	1	1
指虾蛄科 Gonodactyllidae	1	1

引自：董聿茂，1983.

（四）肢口类

肢口类的主要经济种是鲎（*Tachypleus tridentatus*），亦称中华鲎、东方鲎、中国鲎，属节肢动物、肢口纲、剑尾目、鲎科。其附肢基部有许多刺状突起围在口的周围，利于咀嚼食物，故称肢口动物。分布于中国、日本、印度尼西亚、马来西亚、菲律宾、越南，我国浙江以南沿海均有分布。鲎的体长一般在 60 cm 左右，体重为 3~5 kg，以环节动物、软体动物为食，有时也摄食底栖藻类，其生长周期较长，一般为 13~14 年，繁殖期在夏季，卵产在沿海高潮区的沙滩上，鲎的血液含有铜离子，呈蓝色。

鲎自古生代泥盆纪就生活在地球上，与三叶虫是同一期纪的动物，一直生存到现在仍保持其形态，有生物活化石之称。鲎全身都是宝，具有很高的经济价值，不但可食用，还有很高的药用价值，肉、壳、尾都可入药，从鲎的血液中可提取鲎试剂，可快速准确检测人体内部组织是否受细菌感染，从鲎的血细胞中还能分离出一种抗菌肽——鲎素，对抵抗某些病毒特别有效。

20 世纪 50—70 年代，在浙江渔场渔民常可兼捕到鲎，尤其 7—8 月在沿海沙滩上也常见到雌雄成对的鲎在繁殖产卵。由于鲎的经济价值高，自 80 年代以后，滥捕鲎的人增多，

再加上滩涂开发、围海造地等原因，使鲎失去了繁殖场所，鲎的资源也急速减少，国家已把鲎列为二级保护动物。

三、头足类

（一）种类组成

头足类属软体动物，是软体动物的一个纲，在海洋捕捞业中，仅次于鱼类和甲壳类，是一重要的生物类群。根据浙江省海洋水产研究所 1994—1996 年头足类资源调查和 2000—2006 年监测调查，浙江渔场共有头足类 56 种，隶属于 14 科 21 属（表 2-2-5）。其中，群体数量较大，经济价值较高，作为渔业捕捞对象的有枪乌贼科的剑尖枪乌贼（*Loligo edulis*）、杜氏枪乌贼（*Loligo duvaucelii*）、神户枪乌贼（*Loligo kobiensis*）、莱氏拟乌贼（*Sepioteuthis lessoniana*）；柔鱼科的太平洋褶柔鱼（*Todarodes pacificus*）；乌贼科的金乌贼（*Sepia esculenta*）、目乌贼（*Sepia aculeata*）、虎斑乌贼（*Sepia pharaonis*）、白斑乌贼（*Sepia latimanus*）、神户乌贼（*Sepia kobiensis*）、罗氏乌贼（*Sepia robsoni*）；蛸科（章鱼科）的短蛸（*Octopus ocellatus*）、长蛸（*Octopus variabilis*）、真蛸（*Octopus vulgaris*）、条纹蛸（*Octopus striolatus*）等。曼氏无针乌贼（*Sepiella maindroni*）是 20 世纪 60—70 年代浙江渔场头足类中群体数量最大、经济价值最高的捕捞对象，但至 80 年代后期，资源急剧衰退，渔汛消失，目前数量甚少。

表 2-2-5　浙江渔场头足类的科、属、种数

科	属	种	科	属	种
武装乌贼 Enoploteuthidae	1	2	耳乌贼科 Sepiolidae	3	4
小头乌贼科 Cranchiidae	1	1	微鳍乌贼科 Idiosepiidae	1	1
手乌贼科 Chiroteuthidae	1	1	水孔蛸科 Tremoctopodidae	1	1
菱鳍乌贼科 Thysanoteuthidae	1	1	船蛸科 Argonautidae	1	2
柔鱼科 Ommastrephidae	3	3	蛸科（章鱼科） Octopodidae	1	8
枪乌贼科 Loliginidae	2	9	面蛸科 Opisthoteuthidae	1	1
乌贼科 Sepiidae	3	21	快蛸科 Ocythoidae	1	1

（二）主要经济种

1. 曼氏无针乌贼 *Sepiella maindroni* de Rochebrune

曼氏无针乌贼属乌贼科、无针乌贼属，分布于中国的渤海、黄海、东海和南海，为印

度西太平洋广分布种，北到日本海，南到马来群岛海域，西到印度东海岸均有分布，其中心分布区在中国浙江近海和闽东海域。曼氏无针乌贼是东海重要的经济种，20 世纪 50—70 年代曾是浙江渔场四大渔产之一，捕捞汛期在春夏季，浙江省年产量在 3×10^4~6×10^4 t，捕捞渔具主要有乌贼笼、对网、拖网、定置张网等。产品除鲜销外，干制品"螟蜅鲞"为国内外海味市场的重要品种。由于不合理利用，加大了捕捞强度，致使该种于 20 世纪 80 年代初开始资源急剧衰退，80 年代末降至低谷，渔汛也消失，至今未能恢复。

2. 剑尖枪乌贼 *Loligo edulis* Hoyle

剑尖枪乌贼属枪乌贼科、枪乌贼属，浅海性暖水种，分布于东海、南海、日本群岛南部、菲律宾群岛至澳大利亚北部海域，东海主要分布于 $30°00'$N 以南的浙江中南部外海。剑尖枪乌贼为 20 世纪 90 年代初浙江外海渔场新开发的头足类资源之一，渔场在浙江中南部外海 60~100 m 水深海域，渔期在 6—9 月，主要为单拖作业所捕捞，年产量约 2×10^4~3×10^4 t，商品价值高，是重要的出口水产品，干制品在国际市场列为一级品，深受消费者欢迎。

3. 太平洋褶柔鱼 *Todarodes pacifius*（Steenstrup）

太平洋褶柔鱼属柔鱼科、褶柔鱼属，暖温带种，在太平洋西部，北自堪察加半岛南端，南至粤东外海都有分布，主要分布于日本群岛周围海域，尤以日本海的密度最高，我国东海外海及黄海北部也有一定的分布密度。浙江中南部外海深水海域，是太平洋褶柔鱼（冬生群）的越冬场和产卵场，春夏季太平洋褶柔鱼新生代北上索饵交配，6—7 月经长江口至舟山渔场形成捕捞渔场；秋冬季南下越冬产卵，经济州岛西南部又形成捕捞渔场。浙江渔场太平洋褶柔鱼资源量不高，据丁天明等对 $26°00'$—$30°30'$N，$121°00'$—$127°00'$E 海域初步评估，太平洋褶柔鱼的资源量为 3×10^4 t 左右。

四、水母类

分布于东海的大型食用水母类有五种，即海蜇（*Rhopilema esculentum*）、沙海蜇（*Rhopilema esculentum*）、黄斑海蜇（*Rhopilema hispidum*）、叶腕海蜇（*Lobonema smithi*）和拟叶腕海蜇（*Lobonemoides gracillis*），其中以海蜇数量最多，产量最大，约占总产量的 95%。浙江近海历史上以产海蜇为主，最高年产量 3.5×10^4 t，占东海区年产量的 65%。海蜇为珍贵的水产品之一，畅销国内外市场。

五、贝类

（一）腹足类

腹足类是软体动物中种类最多的一个纲，据《舟山海域海洋生物志》和《浙江洞头海产贝类图志》记载，浙江海域有腹足类 115 种，隶属于 48 科、80 属。其中个体较大，经济价值较高，常为底拖网兼捕到的种类有盔螺科的管角螺（*Hemifusus tuba*）、细角螺（*Hemifusus ternatanus*），骨螺科的红螺（*Rapana bezoar*）、脉红螺（*Rapana venosa*），蝾螺科的角蝾螺（*Turbo cornutus*）等，还有个体较小的阿地螺科的泥螺（*Bullacta exarata*），是重要的食用经济贝类，为珍贵的海味品之一。

（二）瓣鳃类

瓣鳃类也称斧足类或双壳类，也是软体动物中种类数较多的生物类群，浙江渔场共有瓣鳃类 98 种，隶属于 3 目、29 科、65 属。瓣鳃类可供捕捞、养殖的种类众多，主要有：毛蚶（*Scapharca kagoshimensis*）、泥蚶（*Tegillarca granosa*）、厚壳贻贝（*Mytilus coruscus*）、褶牡蛎（*Ostrea plicatula*）、彩虹明樱蛤（*Moerella iridescens*）、菲律宾蛤仔（*Ruditapes philippinarum*）、缢蛏（*Sinonovacula constricta*）等。

贝类除了上述 2 个纲外，还有多板纲和掘足纲。上述各纲的科、属、种数如表 2-2-6 所示。

表 2-2-6　浙江渔场软体动物的科、属、种数

类别	科	属	种
多板纲 Polyplacophora	5	6	6
腹足纲 Gastropoda	48	80	115
掘足纲 Scaphopoda	1	2	2
瓣鳃纲 Lamellibranchia	29	65	98
头足纲 Cephalopoda	14	21	56

六、藻类（底栖海藻）

海洋底栖藻类是指固着生长在潮间带或海底岩礁及其他基质上的种类，有经济价值的种类很多，不少是营养丰富的食品，有些是疗效很高的药物，有的可做化工原料，另有些是无脊椎动物的天然饵料，更重要的是同浮游植物一样是海洋有机物的原始生产者，为海

洋有机界的生存和发展提供物质基础。浙江海域有底栖海藻 169 种，隶属于绿藻、褐藻、红藻、蓝藻 4 个门，84 属（表 2-2-7）。

表 2-2-7　浙江海域底栖藻类的属、种数

项目	属	种
绿藻门 Chlorophyta	10	32
褐藻门 Phaeophyta	21	37
红藻门 Rhodophyta	51	98
蓝藻门 Cyanophyta	2	2

（一）绿藻

浙江海域绿藻类有 10 属 32 种，分布广泛，不少具有食用、药用价值，如条浒苔（*Enteromorpha clathrata*）、孔石莼（*Ulva pertusa*）、礁膜（*Monostroma nitidum*）等。

（二）褐藻

分布于浙江海域的褐藻类有 21 属 37 种，其中多数可供食用、药用和工业用，有较高经济价值的如海带（*Laminaria japonica*）、裙带菜（*Undaria pinnatifida*）、羊栖菜（*Sargassum fusiforme*）等。

（三）红藻

浙江海域红藻类有 51 属 98 种，如有可供食用的紫菜属（*Porphyra*）的种类，作为提取琼胶原料的石花菜属（*Gelidium*）和海萝属（*Gloiopeltis*）的种类等。

第三章 主要经济种类的洄游分布和渔场渔汛

鱼类或其他水产经济动物，在不同的生活阶段有进行洄游的习性，在生殖阶段进行生殖产卵洄游，在成长阶段进行索饵洄游，冬季水温下降时进行越冬洄游，其洄游活动与海洋环境的关系十分密切。鱼类在洄游过程中常大量集群，尤其在生殖、越冬期间或在索饵阶段常大量集结，成为良好的捕捞水域称渔场，良好的捕捞时机而形成渔汛（或称渔期、渔汛期）。渔汛按汛期的时间和鱼群集群的程度，可分初汛、旺汛和末汛，按季节和鱼种分有春汛、夏汛、秋汛和冬汛等。

浙江海域自然条件优越，水产资源种类多，数量大，历史上有沿岸近海的春季小黄鱼汛、夏季大黄鱼汛和乌贼汛、冬季带鱼汛共四大渔汛，出产的小黄鱼、大黄鱼、乌贼（墨鱼）、带鱼，俗称"四大渔产"，闻名全国。但由于捕捞力量强大和不合理利用，或因海洋环境变化的影响，传统的一些渔汛逐渐衰退至不复存在。同时，随着捕捞技术的进步，渔船功率增大开发了近、外海的新渔场、新资源，出现新的渔汛，如秋季鲐、鲹渔汛、外海马面鲀渔汛，外海夏秋季的管鞭虾汛等。

第一节 鱼类的洄游分布和渔场渔汛

一、大黄鱼

（一）洄游分布

大黄鱼是暖水性、集群性的近海洄游性鱼类，20世纪70年代以前，资源丰富，是浙江"四大渔产"之一。冬季大黄鱼分布在外海深水海域越冬，每年1—3月是大黄鱼越冬期，浙江外海大黄鱼越冬场有两处，一是舟外渔场、江外渔场越冬场，即30°30′—32°30′N，124°00′—126°00′E、水深50～80 m海域，另一处在浙江中南部外海，水深60～80 m越冬场和闽东渔场越冬场。春季随着水温上升，分布在越冬场的鱼群逐渐向沿岸浅海进行生殖洄游，形成历史上著名的夏季大黄鱼渔汛。分布在浙江中南部越冬场的鱼群朝西北方向进入乐清湾产卵场和猫头洋、大目洋产卵场，一些分布偏北的鱼群与分布在舟外渔场越冬的鱼群进入岱衢洋产卵场，产过卵的鱼群分布在渔场外围水域活动、摄食，冬季返回越冬场越冬，其洄游分布如图3-1-1所示。

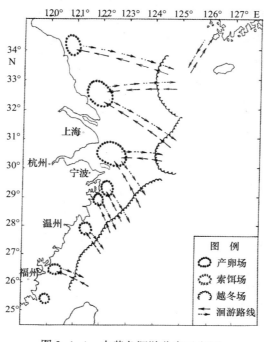

图3-1-1 大黄鱼洄游分布示意图

（二）渔场和渔汛

浙江沿海大黄鱼产卵场自南至北有乐清湾产卵场、猫头洋产卵场、大目洋产卵场、岱衢洋产卵场，以及邻近海域的吕泗洋产卵场和闽东渔场产卵场等。

1. 乐清湾大黄鱼产卵场

渔汛期为谷雨、立夏、小满三水，大黄鱼的最佳捕捞时间在大潮汐期间，即农历初一和十六前后，渔民把这个捕捞期称为"水"，当地木帆船小对网作业，汛期产量在10 t左右，年总产量1 000~2 000 t。

2. 猫头洋大黄鱼产卵场

猫头洋渔场位于浙江中部沿岸海域，大目洋渔场南部，北接檀头山，南达东矶列岛，西至三门湾，东邻渔山水域，因地处猫头水道而得名，面积2 750 km²。渔场海底平坦，多泥沙质，水深10~20 m。因受沿岸流控制，海水浑浊，夏末秋初外海水楔入，水色转清，水温8.3~29.4℃，盐度20.43~30.02。

猫头洋是浙江大黄鱼主要产卵场之一（图3-1-2）。1850年以前，在三门湾里面的蛇蟠洋曾是大黄鱼的产卵场，后因蛇蟠洋淤积，1900年前后，产卵场逐渐移至猫头水道外侧洋面，称猫头洋。猫头洋渔场被渔民称为"南洋"，渔汛期在谷雨、立夏、小满三水，以"谷雨水"、"立夏水"旺发。1953—1965年，投产各类渔船3 000~6 000艘，渔民2万余人。20世纪50年代平均年产大黄鱼7 400 t，1955年最高达到1.76×10⁴ t，60年代平均年产量为4 400 t，1966年最高为1.35×10⁴ t，70年代开始衰落，大黄鱼渔汛不复存在。

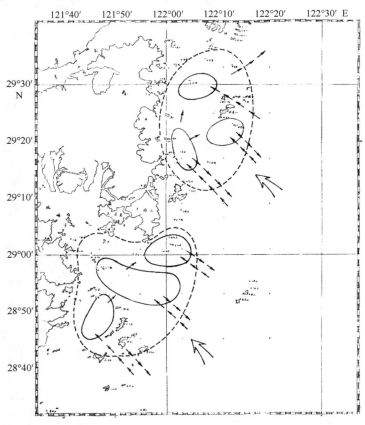

图3-1-2　20世纪50—60年代猫头洋、大目洋大黄鱼产卵场分布图

3. 大目洋大黄鱼产卵场

大目洋渔场位于浙江中部沿海，北至六横岛，南接檩头山，东连韭山列岛，西至象山半岛，因大目山居于其中而得名（图3-1-2）。每当谷雨至芒种前后，大黄鱼由外海先后进入产卵场产卵繁殖，舟山、宁波、台州、温州等地渔船云集，形成捕捞汛期。大目洋渔场与猫头洋一样被渔民称为"南洋"，渔汛期也和猫头洋一样，也是谷雨、立夏、小满三水，但旺汛期比猫头洋略迟，以"立夏水"、"小满水"旺发。20世纪50—60年代，有温

州、台州渔船千余艘和舟山、宁波渔船 2 000 余艘在此生产，以单船或双船围网、对网为主，流刺网次之。一般年产 5 000~10 000 t，平均年产约 6 200 t，1967 年最高，为 3×10^4 t。自 20 世纪 60 年代起，机帆船对网作业逐渐增多，捕捞强度日渐增大，70 年代又大量捕捞进港产卵的大黄鱼亲体，资源受到严重破坏，1978 年全渔场产量只有 3 000 t，至 80 年代已形不成渔汛。

早在道光三十年（1850 年）以前，舟山本岛西南部的峙头洋、六横佛渡岛附近海域都曾是大黄鱼的产卵场，渔民用流刺网捕捞，产量相当高。20 世纪初，鱼群改道不再进入峙头洋和佛渡海域，那里就不能形成渔场了。

4. 岱衢洋大黄鱼产卵场

岱衢洋渔场地处杭州湾口，位于岱山、衢山岛之间及其附近海域（图 3-1-3），面积约 3 430 km²，渔场受钱塘江冲淡水影响较大，盐度较低，海水浑浊，水深 10~20 m，泥沙底质，正规半日潮，以东南涨、西北落为主的八卦流，流速 2~5 kn。此处是大黄鱼重要的产卵场，形成历史上有名的夏季大黄鱼渔汛，素有"门前一港金"之说。宋朝年间渔场在洋山海域，清康熙时渔场移至马迹山、寨子山至渔山列岛一带海域，道光年间又移至岱山、衢山两岛之间的岱衢洋，直至 20 世纪 70 年代。

岱衢洋大黄鱼渔场被渔民称为"北洋"，渔汛期自立夏至夏至，以小满、芒种两水（5 月中旬至 6 月上旬）为旺汛。岱衢洋渔场大黄鱼汛是浙江大黄鱼产量最高的渔汛，据 1953—1956 年统计，投产渔船 4 000~12 000 艘，渔民 2.5 万~8 万人，产量 1.4×10^4~4×10^4 t，除了浙江渔船外，还有福建省、上海市的渔船。20 世纪 50 年代末和 60 年代中期，两次敲罟作业曾对大黄鱼资源产生破坏作用，但制止后很快得到恢复。自 20 世纪 50 年代至 70 年代，岱衢洋渔场一般年产量 2×10^4~3×10^4 t，高的年份达 5×10^4~6×10^4 t（1967 年、1969 年）。70 年代初因盲目捕捞未产卵的"进港大黄鱼"，对大黄鱼造成严重破坏，1974 年起又连续几年围捕江外渔场、舟外渔场的越冬大黄鱼，造成岱衢洋渔场夏季大黄鱼数量一落千丈，至 80 年代末 90 年代初渔汛消失了。

5. 吕泗洋大黄鱼产卵场

20 世纪 50 年代以前，该渔场仅为江苏渔民所利用，年产量约 5×10^4 t。1962 年浙江机帆船对网作业进入吕泗洋渔场探捕，捕获 50×10^4 t 大黄鱼。1970 年全渔场产量 5.22×10^4 t，达到历史最高纪录，其中浙江为 3.35×10^4 t，1974 年以后该渔场资源开始衰退，1980 年浙江仅获 2 000 t，1981 年开始实行休渔。

6. 桂花黄鱼汛和早春汛

大黄鱼渔汛，除了夏季产卵集群的渔汛外，还有秋季产卵集群的渔汛，称"桂花黄鱼

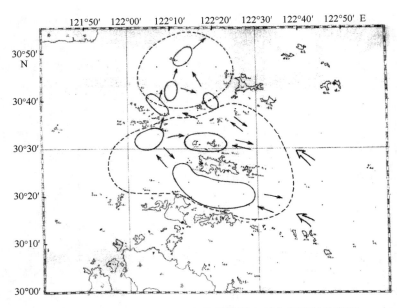

图 3-1-3　20 世纪 50—60 年代岱衢洋大黄鱼产卵场分布图

汛"，但数量远不及夏季产卵群体大。分布在江外渔场、舟外渔场越冬的大黄鱼群体，1974 年各省机帆渔船在冬季带鱼汛结束后赶往该渔场捕捞，渔汛期在 2—4 月，称为"大黄鱼的早春汛"，捕获大黄鱼的网头大，产量高。1974 年 3 月 18 日，宁波海洋渔业公司"606 围网船"在 173/9 渔区捕获一网 800 t 的大黄鱼；1974 年 4 月 22 日上午，普陀黄石一对机帆船在 166/8 渔区用对网捕获一网 250 t 的大黄鱼。1974 年东海区三省一市大黄鱼产量达到 $19.61×10^4$ t，比 1973 年增长 42.62%，其中浙江省为 $16.81×10^4$ t，比 1973 年猛增 60.68%，创历史最高值。

　　由于大量捕捞越冬大黄鱼，抄了它的"老窝"，自 1975 年开始，早春越冬大黄鱼的产量逐年以 50% 的速度锐减，四五年后即形不成渔汛，20 世纪 80 年代末浙江沿海大黄鱼各产卵场渔汛也消失了。

二、小黄鱼

(一) 洄游分布

　　小黄鱼是集群性洄游性鱼类，早在 20 世纪 50—60 年代是浙江省"四大渔产"之一，资源相当丰富。冬季小黄鱼分布在浙江渔场东部、东南部深水海域越冬，越冬场包括东部的舟外渔场和江外渔场，东南部的鱼山渔场和温台渔场。春季随着水温回升，小黄鱼从外海越冬场逐渐向沿岸浅海作生殖洄游，形成历史上规模较大的春季小黄鱼汛。浙江中南部外海的越冬鱼群进入浙江近海产卵，形成"南洋旺风"，分布在舟外渔场的越冬鱼群朝西北方向洄游与浙江近海北上的鱼群会合，进入甩山、浪岗、海礁、花岛、佘山一带海域产卵，形成"北洋旺风"。其洄游分布如图3-1-4所示。

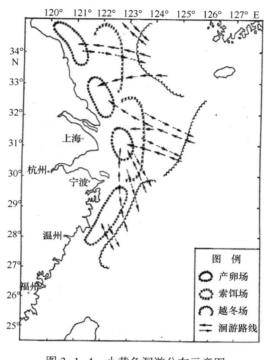

图 3-1-4 小黄鱼洄游分布示意图

（二）渔场和渔汛

小黄鱼的渔场和渔汛期随纬度的增高，渔场向北扩展，汛期也有所推迟。渔汛在浙江沿海最早出现在南部的温州海域渔场，并逐渐向北部海域扩展，依次有大陈海域小黄鱼渔场、舟山海域小黄鱼渔场以及吕泗洋小黄鱼渔场，各渔场的汛期如下。

1. 温州海域小黄鱼汛

1—3月温州海域的小黄鱼汛与大黄鱼汛一起，基本上仍处在越冬阶段，至4—5月才形成小黄鱼产卵汛期，主要为当地夹网、背对、擂网、机帆船对网等作业所捕捞，规模不大，20世纪50年代后期受敲罟作业破坏，资源衰退严重，60年代中期已不能形成渔汛。

2. 大陈海域小黄鱼汛

汛期自雨水（2月下旬）开始至清明（4月上旬）结束，前后约一个半月，旺汛期在惊蛰至春分（3月上旬至下旬），约半个月时间。渔汛初期，鱼群分散，鱼体较瘦，鱼卵虚硬；旺汛期间，鱼个体均匀、丰满，并集群北上产卵。鱼群从南至北分布在披山岛、大陈岛、东矶列岛以东 20~30 n mile 海域，主要为当地对网作业所捕捞，温岭县小对网船一航次（3~5 d 为一航次）产 1~1.5 t，高的 4~5 t。

3. 舟山海域小黄鱼汛

汛期自春分（3月下旬）开始至立夏（5月上旬）结束。春分前后，小黄鱼集群产卵时发出叫声，这时，渔船集中在渔山列岛、韭山列岛、洋安一带海域捕捞，舟山渔民称之为"春分起叫攻南头"，形成"南洋旺风"。春分至清明半个月内，木帆船大对作业一般单产可达 15 t 左右。清明前后鱼群继续北上，经浪岗、嵊山到达佘山渔场，与从舟外渔场游来的鱼群会合，在佘山渔场鱼群密集，从清明至立夏渔船在佘山渔场生产，称"北洋旺风"。20世纪30年代以前，"一网双船满"是常有的事，有渔谚云："清明叫，谷雨跳"，"砂锅弄洋山，发财佘山洋"，"花鸟东北首，去捕总是有"。投产的渔船有各种大对船、小对船和机帆船对网作业，以及渔轮拖网作业等。

4. 吕泗渔场小黄鱼汛

汛期自清明开始至立夏结束，谷雨前后为盛渔期，是江苏渔民的传统渔汛。如果清明早（指清明在农历二月），渔场水温偏低，小黄鱼产卵期推迟，汛期延长，可以多捕鱼；反之，清明迟（指清明在农历三月），渔场水温偏高，鱼群产卵后迅速离去，汛期就短，可能少捕鱼。所以江苏渔民说："二月清明鱼是草，三月清明鱼是宝。"1955年浙江渔船前往吕泗洋试捕小黄鱼，1956年开始组织大对船、机帆船对网作业到吕泗洋捕小黄鱼，渔获甚丰。该渔场各省市渔汛总产量，最高年份达到 $6.57×10^4$ t（1956年）。自20世纪60年代以后，小黄鱼资源严重衰退，至1979年该渔场渔汛期产量只有 110 t，1981年起实施休渔措施。

除了上述春季小黄鱼渔汛外，20世纪50年代以前，每年中秋节前后至立冬（9月下旬至11月上旬），分布在中街山至渔山列岛一带索饵的小黄鱼群体，渔获量也很高，渔民称"早冬汛"，大对网船汛期产量在 5 t 左右。

由于国内外渔船的过度捕捞，自20世纪60年代中期开始，小黄鱼资源出现衰退，浙江全省的小黄鱼产量，从1957年的 $5.3×10^4$ t 降至1964年的 $0.8×10^4$ t，以后在低水平上波动，至80年代末降至最低点，小黄鱼渔汛也就消失了。

三、带鱼

（一）洄游分布

带鱼是浙江省也是全国第一大鱼产品，历史上是浙江"四大渔产"之一。东海带鱼分布在 200 m 水深以浅海域，属南北洄游性质，其洄游分布的中心海域在浙江近海。冬季分布在温州东南 80 m 水深以外海域越冬的带鱼群体，春季随着台湾暖流增强、水温上升性腺开始发育的带鱼朝西北方向向沿岸靠拢，由南而北进行生殖洄游。4 月到达披山东南 40~60 m 海域，并北上进行产卵，此时部分大型机帆船前往捕捞，称捕"回头带"。5—7 月，鱼群沿大陈岛、渔山列岛、洋安以东水深 40~70 m 海域继续北上产卵，最后到达嵊山、海礁东北 30~70 n mile 海域，这时捕捞的带鱼称"夏白带"或"产卵带"。7—10 月产卵后的带鱼分散在外侧海域索饵肥育，在长江口以北的广阔海域、浪岗、洋鞍、渔山列岛以东一带海域都有分布，这时正是延绳钓渔业的捕捞对象，渔获称"秋白带"。秋末冬初，随着北方冷空气南下，渔场水温下降，带鱼开始集群进行越冬洄游，自北而南，形成著名的冬季带鱼渔汛（图 3-1-5）。

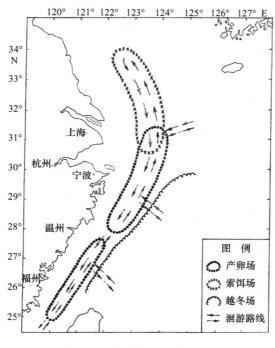

图 3-1-5　带鱼洄游分布示意图

（二）渔场和渔汛

1. 嵊山渔场冬季带鱼渔汛

嵊山渔场地处长江、钱塘江入海口外，北至佘山渔场，南接浪岗山，东连舟外渔场，西至嵊泗列岛，面积约 8 050 km²，以渔场中心的嵊山岛而得名。渔场西部长江冲淡水年径流量 8 541×10⁸ m³，钱塘江、甬江、曹娥江常年径流量 344×10⁸ m³，大陆径流带来丰富的营养物质，北部有黄海深层冷水楔入，冬季冷水团可伸达渔场中部。渔场东南部分布着台湾暖流水，春夏季台湾暖流舌峰向北伸展，夏秋季盘踞在渔场东南部。三股水系互相交汇，形成广阔的混合水区，海底平坦，水深 30~65 m，水质肥沃，饵料生物丰富。有浮游植物 120 种，浮游动物 123 种，底栖生物 112 种，浮游动物平均生物量达 451.49 mg/m³。3—9 月是渔场的升温过程，10 月至翌年 2 月为降温过程。因此嵊山渔场是鱼、虾、蟹类和头足类等多种水产资源产卵繁殖、索饵肥育的重要场所，形成浙江省乃至全国最大的冬季带鱼汛、夏季乌贼汛的生产渔场。

嵊山渔场冬季带鱼汛，汛期自立冬开始至大寒结束（11 月初至翌年 1 月底），以冬至前后最旺，有渔谚云"小雪小㧗，大雪大㧗，冬至前后㧗旺风"。每当秋末冬初，嵊山渔场水温由夏季型（上下水层不等温）开始向冬季型（上下水层等温）过渡，当底层水温达 21℃时，带鱼逐渐集群，鱼群从花乌、嵊山东北，向嵊山渔场洄游，渔船迎头赶往捕捞，渔汛开始，当渔场水温降至 18~20℃时，上下垂直等温，嵊山渔场旺发，鱼发中心处在 33 和 34 等盐线之间。当渔场水温降至 15℃时，盐度为 34 的高盐水向南退缩，鱼群南移，嵊山渔场渔汛结束。

民国时期在嵊山渔场生产的渔船，夏汛有乌贼拖船 1 600 余艘，冬汛有小白底、大白底、红头对、小对、大对共约 5 000 余艘，局限于近山边 10 n mile 以内海域捕捞。中华人民共和国成立后，渔船日渐增多，渔汛规模不断扩大，特别是 20 世纪 60 年代，实现了渔船机动化，嵊山渔场得到充分开发利用，每年冬汛，江、浙、闽、沪三省一市万余艘机帆渔船，10 多万渔民聚集嵊山渔场捕捞带鱼，每年汛期平均产量 12×10⁴ t，1972 年最高，达到 29.74×10⁴ t。整个冬季带鱼汛期，嵊山渔场的产量，占全汛的 70% 左右。秋冬季节，温岭地区和福建省的钓船也投入嵊山渔场生产，多的年份达到 1 000 多艘。80 年代以后，由于过度利用的原因，带鱼北路鱼群南下越冬的资源出现衰退，嵊山渔场冬季带鱼汛也逐渐消退，鱼群分散，渔场外移。至 80 年代末，渔汛也消失了。但嵊山渔场的虾、蟹类，鲐、鲹等上层鱼类资源仍维持着较好水平。

2. 大陈、洞头、南北麂渔场冬季带鱼汛

大陈渔场位于台州湾外，北接鱼山渔场，南连洞头渔场、南北麂渔场，因大陈岛而得名。渔场处于沿岸低盐水和外海高盐水交汇海域，水质肥沃，饵料生物丰富，浮游动物生物量达 250~300 mg/m³，是多种经济鱼类产卵繁殖、索饵、越冬洄游的重要渔场。嵊山渔场旺汛过后，渔船逐渐追捕南下越冬带鱼鱼群，元旦前后渔船以沈家门渔港、石浦渔港为中心，元旦过后转至大陈渔港为中心，在大陈渔场、洞头渔场、南北麂渔场追捕越冬带鱼群体。捕捞的鱼群，除了南下越冬群体外，还有分布在南部渔场索饵的群体，两股鱼群会合在一起，所以汛期一直保持较高的产量。20 世纪 50 年代中期开始，每年元旦至春节期间有江、浙、闽、沪三省一市 5 000 余艘渔船云集大陈渔场生产，汛期平均年产量 5.8×

10^4 t，1969 年最高，达到 $15.6×10^4$ t，成为当时仅次于嵊山冬季带鱼汛的第二大渔汛。渔汛期自大雪开始至立春结束（12 月上旬至 2 月初），冬至前后至小寒为旺汛期。80 年代以后，由于带鱼资源衰退，南下越冬带鱼群体减少，鱼群分散，大陈、洞头、南北麂渔场的冬季带鱼渔汛也逐渐衰落了。

四、鲳鱼

（一）洄游分布

浙江渔场的鲳鱼主要有银鲳、灰鲳和中国鲳，以银鲳和灰鲳数量较多，其渔场和汛期基本相近，浙江沿海都有分布，是浙江渔民传统的捕捞品种。冬季鲳鱼分布在外海深水海域越冬，每年 4—5 月性腺成熟的鲳鱼从外海越冬场进入沿岸浅水区产卵繁殖，形成鲳鱼渔汛。分布在浙江南部深水海域越冬的鱼群，朝西北方向进入浙江中南部沿海产卵场产卵。分布在浙江中部深水海域和舟外渔场越冬的鱼群，进入舟山群岛周围的黄大洋、岱衢洋和大戢洋产卵，形成春夏季鲳鱼渔汛（图 3-1-6）。产过卵的鱼群分布在渔场外侧水域索饵活动，入冬之后，渔场水温下降，鱼群返回越冬场越冬。

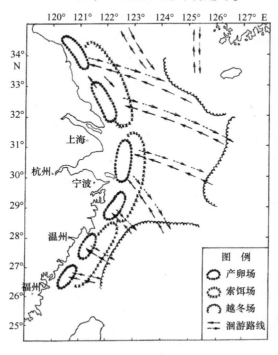

图 3-1-6　银鲳洄游分布示意图

（二）渔场和渔汛

鲳鱼的产卵场在浙江沿海都有分布，与大黄鱼产卵场基本相近，产卵期也相同，主要的产卵场有岱衢洋、黄大洋、黄泽洋、大目洋、猫头洋等。汛期从谷雨前后开始至夏至结束（4月下旬至6月下旬），以小满至芒种为旺汛期。鲳鱼产卵时喜栖息于水色浑浊的水域，鱼发在小水期，大水期比较分散，一般大水期捕大黄鱼，小水期捕鲳鱼。捕捞渔具以流网为主。自20世纪70年代中期以后，随着渔船动力化、大型化，渔场不断向外侧深水海区扩大，机帆船对网、拖网、张网几乎周年都能捕到鲳鱼，鲳鱼产量也逐年增加。1972年以前，浙江省鲳鱼产量不足 2 000 t，1973 年达到 6 400 t，20 世纪 80 年代为 $1 \times 10^4 \sim 2 \times 10^4$ t，90 年代平均为 6×10^4 t，进入 21 世纪初达到 $12 \times 10^4 \sim 13 \times 10^4$ t，但鲳鱼个体小型化严重，必须加强保护和合理利用。

五、鳓鱼

（一）洄游分布

鳓鱼是浙江重要的经济鱼种之一，与鲳鱼一样，冬季鱼群分布在深水海域越冬，春夏季渔场水温回升，性腺成熟的鱼群，朝西北方向进入沿岸浅海产卵繁殖，形成夏季鳓鱼渔汛。浙江沿海自南至北都有鳓鱼产卵场分布（图3-1-7），分布在浙江中南部外海越冬的鱼群，5月上旬进入洞头渔场产卵繁殖，5月中下旬进入大陈渔场、猫头洋、大目洋渔场产卵繁殖。分布在浙江中北部外海越冬的鱼群5月下旬至6月中旬进入舟山群岛海域的黄大洋、岱衢洋、大戢洋渔场产卵繁殖，也有部分越冬鱼群与江外渔场越冬的鱼群进入长江口以北的吕泗渔场产卵繁殖。产卵结束后，鱼群分散于产卵场外侧海城索饵，并有逐渐往北移动趋势。入冬之后，渔场水温下降，鱼群开始向南或向东南方向返回深水海域越冬场越冬。

（二）渔场和渔汛

20 世纪 50—60 年代，浙江沿海鳓鱼主要产卵场在岱衢洋、大戢洋、马迹洋、黄大洋、大目洋和猫头洋。50 年代初在桃花港、崎头半岛外侧水域、朱家尖与顺母涂间都有鱼群分布。鳓鱼汛期从清明（4月上旬）开始，旺汛在立夏至夏至（5月上旬至6月下旬），鱼群白天多栖息于中下层水域，夜间及黎明在中上层水域，有渔谚云"五月十三鳓鱼会，早上勿会夜里会"，鱼群密集时，洋面有似雨点般水花，俗称"鳓鱼泡"。鳓鱼的游动速度很快，渔民称："小小鳓鱼无肚肠，一夜游过七片洋。"鳓鱼鱼发和鲳鱼一样，一般在小水和起水期间，由于渔场与大黄鱼相近，渔民在大潮汛时捕大黄鱼，小潮汛时捕鳓鱼和

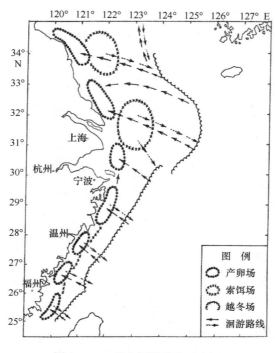

图 3-1-7　鳓鱼洄游分布示意图

鲳鱼。

　　浙江南部海域鳓鱼汛主要由产卵群体和越冬群体组成，每年1月在该海区40~60 m水深处，常捕到大网头的鳓鱼越冬群体，4—5月鱼群进入沿海产卵，常集群于大陈、渔山列岛海域产卵繁殖，但在南部70~80 m水深处，机帆船对网、流刺网仍有捕获。

　　岱山县和镇海县的大型流网船，大都在长江口以北渔场生产，汛期自谷雨开始至小暑结束，汛初的生产渔场在长江口海域，以后逐步北移至吕泗渔场，小满以后鱼发转旺，又转移到大沙渔场，芒种到夏至鱼发最旺，至小暑渔汛就结束。流网船一般汛期单产可达15~20 t。

　　浙江省鳓鱼年产量一般在3 000~7 000 t，1956年曾达9 400 t，自20世纪70年代开始渔场发生很大变化，鱼群分散，昔日密集的鱼群不见了。至90年代，全省的鳓鱼年产量维持在3 000~4 000 t，21世纪初略有增长，平均为7 100 t。

六、白姑鱼

（一）洄游分布

浙江渔场白姑鱼的越冬场有两处，一处在舟外-江外渔场，另一处在浙江南部和福建北部外海。分布在浙江南部外海的越冬鱼群，3—4月朝西北方向进入浙江南部沿海，并沿大陆近岸继续向北洄游。分布于舟外、江外越冬鱼群，朝西、西北方向洄游，5—8月与北上鱼群会合，密集于长江口-舟山渔场产卵，产卵后分布在附近海域索饵并逐渐北上进入大沙渔场，10月以后，随着水温下降，返回越冬场越冬（图3-1-8）。

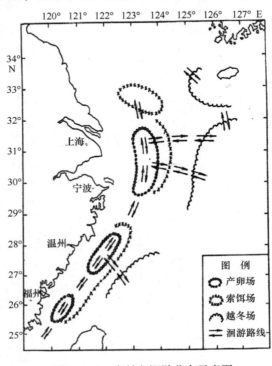

图3-1-8　白姑鱼洄游分布示意图

（二）渔场和渔期

白姑鱼是机轮渔业和群众渔业底拖网的兼捕对象，其渔场主要在舟山-长江口海区水深30~40 m一带海城，渔期为6—8月，该渔场鱼群较为密集，以捕捞白姑鱼的产卵群体为主，是白姑鱼的主要捕捞渔场。4—5月在鱼山-温台渔场也有一定渔获，主要是北上产卵的过路鱼群。秋冬季，白姑鱼南下返回越冬场，11—12月在鱼山-温台渔场40~80 m水深，也能兼捕到一定数量的白姑鱼。

七、海鳗

（一）洄游分布

浙江渔场海鳗越冬场有两处，一处在浙江南部外海100 m水深以东海域，另一处在浙江中部外海，即鱼外渔场和舟外渔场60~100 m水深海域。分布在浙江南部外海越冬的鱼群，春季随着水温上升，暖流势力增强逐渐离开越冬场朝西北方向游向近岸，进入南北麂、披山、大陈一带海域，并继续北上洄游。分布在鱼外渔场越冬的群体朝西方向洄游，进入渔山列岛、大陈海域，与南部北上鱼群会合北上，5—6月到达海礁附近海域产卵。分布在舟外渔场越冬的鱼群，4月开始向西、西北方向洄游，5—6月到达海礁一带海域与浙江南部北上鱼群会合，并在该海域产卵繁殖，产卵后分散在外侧海域索饵并继续北上，8—9月到达吕泗、大沙渔场。10月以后，渔场水温下降，鱼群向南和东南方向洄游，返回越冬场越冬（图3-1-9）。

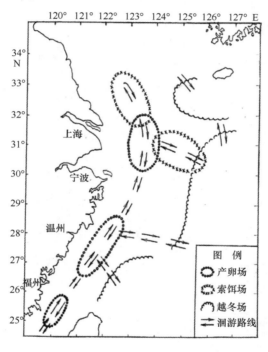

图3-1-9　海鳗洄游分布示意图

（二）渔场和渔期

　　海鳗的适温、适盐性较广，对环境的适应能力较强，其分布比较分散，无论在生殖期还是越冬洄游期间，其集群性均较差，故渔汛期不明显，渔场分布较广，在浙江近海几乎周年都可捕获，主要为机轮拖网和群众机帆船底拖网的兼捕对象，以下半年的渔获量较多，主要的渔场渔期有长江口渔场，渔期为6—10月，舟山渔场渔期为5—7月和11月，鱼山渔场为11月至翌年5月，温台渔场为12月至翌年3月，江外、舟外渔场渔期为1—3月。由于海鳗与带鱼越冬洄游路线基本相同，因此冬季带鱼汛时，在嵊山渔场、洋安渔场、鱼山渔场和大陈渔场，海鳗成为群众机帆船主要的兼捕对象。

八、马鲛鱼

(一) 洄游分布

浙江渔场马鲛鱼主要为蓝点马鲛，也有少数朝鲜马鲛。马鲛鱼属中上层鱼类，性凶猛，游泳速度快，浙江近、外海都有分布，是主要的经济鱼种之一。冬季马鲛鱼分布在浙江东南部深水海域越冬，春季随着水温上升，暖流势力增强，鱼群北上洄游，性腺成熟的鱼群进入沿岸浅海产卵繁殖，形成春季马鲛鱼渔汛。产过卵的鱼群分布在外侧海域索饵活动，有的与未产卵鱼群继续北上，越过长江口进入吕泗大沙渔场。10月以后，北方冷空气南下，渔场水温下降，马鲛鱼向南和东南方向洄游，1—3月返回越冬场越冬（图3-1-10）。

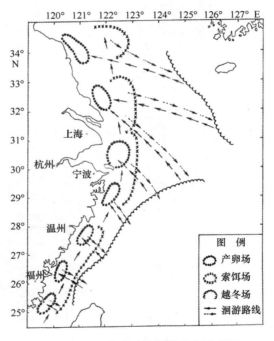

图 3-1-10　蓝点马鲛洄游分布示意图

(二) 渔场和渔汛

马鲛鱼的产卵场自南至北有洞头洋、猫头洋、大目洋、岱衢洋、大戢洋，产卵场与大黄鱼、鲳鱼、鳓鱼大致相同。马鲛鱼的渔汛期从4月至6月，以5月为旺汛期。历史上马鲛鱼为流刺网所捕捞。产卵后的鱼群分布在附近海域索饵，时而可见到鱼群起浮，秋后鱼群向东南外海越冬洄游，在洄游过程中，机帆船对网常有捕获。20世纪80年代国营渔轮推广浮拖网作业，成为捕捞马鲛鱼的专业渔具。1985年平阳县推广了轻网快拖渔法，捕捞效果也很好。浙江省马鲛鱼产量逐年上升，1980年为1 760 t，1989年突破万吨，90年代平均为3.13×10⁴ t，2001—2010年为6×10⁴~7×10⁴ t。

九、绿鳍马面鲀

（一）洄游分布

绿鳍马面鲀广泛分布于东海和黄海，南起钓鱼岛附近海域，北至鸭绿江口，东到对马海峡水深280 m左右都有分布。12月至翌年3月鱼群分布在越冬场越冬，其越冬场有两处，一处在济州岛南部至对马海峡，另一处在浙江外海。浙江外海越冬场，即27°30′—31°45′N，124°00′—127°30′E。分布在浙江北部外海越冬的鱼群3月开始向南和西南方向做产卵洄游，4—5月到达温台渔场和闽东渔场产卵，产卵后向北洄游，分布在舟山渔场至黄海南部一带索饵，10—11月，随着季节变化，北方冷空气南下，渔场水温下降，分散索饵的鱼群逐渐返回浙江外海越冬场越冬（图3-1-11）。

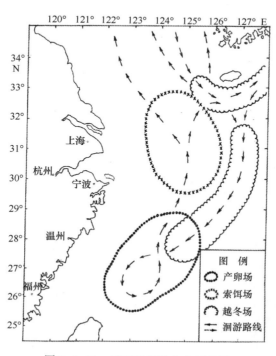

图3-1-11　马面鲀洄游分布示意图

（二）渔场和渔汛

绿鳍马面鲀是 20 世纪 70 年代中期开发的外海底层鱼类资源，是国营渔轮和群众大型渔船的捕捞对象。1974 年 2 月初洞头县机帆船在北麂至洛屿东 50～90 m 水深捕带鱼时，兼捕到较多的马面鲀，2 月中旬该县机帆船正式投入马面鲀生产，至 4 月初共捕获马面鲀 7 000 t，随后温、台地区 500 多对机帆船陆续投产，至 4 月中旬共捕获马面鲀 2×10⁴ t。随后舟山渔业公司、宁波渔业公司、上海渔业公司都投入浙江中南部外海渔场生产，该渔场处在 25°30′—29°30′N，水深 80～130 m 范围内，渔场底层水温为 14～20℃，底层盐度为 34.0～34.7。浙江中南部外海渔场是马面鲀的越冬场和产卵场，是浙江重要的捕捞渔场，捕捞汛期在 1—5 月，以 3—4 月为旺汛期，渔获量高而稳定，一般占全年总产量的 90% 以上；马面鲀的捕捞渔场除了浙江中南部外海渔场外，于 1979 年开辟了舟山渔场、长江口渔场和舟外渔场、江外渔场，舟山渔场、长江口渔场是马面鲀的索饵场，汛期在 5—7 月，以 5 月下旬至 6 月渔获较好；舟外渔场、江外渔场是越冬场，又是洄游过路渔场，汛期在 1—3 月，以 2 月渔获最好。

马面鲀在开发前期产量增长很快，浙江省高的年份达到 10×10⁴ t，占东海区年产量的 50%，20 世纪 80 年代以后群众机帆船捕马面鲀逐年减少，成为国营渔轮主要的捕捞对象，舟山海洋渔业公司是捕捞马面鲀的主要公司，1975—1993 年累计捕捞马面鲀 54.8×10⁴ t，平均每年 2.9×10⁴ t，最高年份为 6.9×10⁴ t（1987 年），占公司总产量的 78%。但由于对资源利用不合理，早期集中捕捞浙江中南部渔场的产卵群体，20 世纪 70 年代末开始追捕舟山、长江口渔场的索饵群体，进而捕捞舟外、江外和五岛对马的越冬群体，使绿鳍马面鲀在繁殖、生长和补充各个环节都受到影响，从而加剧了资源衰败，至 1993 年产量降至几千吨。

十、鲐鱼和蓝圆鲹

（一）洄游分布

1. 鲐鱼的洄游分布

鲐鱼俗称青鲐、花鲲、油筒鱼，为暖水性中上层鱼类，我国各海区都有分布，以东海群系的资源数量最大。东海鲐鱼越冬场在钓鱼岛以北的浙江中南部外海，即 26°00′—29°00′N，123°00′—126°00′E，水深 100～200 m 海域。春季，随着水温回升和暖流势力增强，性腺成熟的鱼群分两路北上进行生殖洄游，一路向西北方向进入闽东、浙江中南部 60 m 水深以内海域产卵，产卵后继续北上，6 月到达长江口、海礁渔场，并继续北上进入黄海，与黄海鱼群会合。另一支产卵群体沿 124°E 附近北上，经鱼山渔场、中街山渔场、海礁以东外海，沿途产卵北上进入黄海。产卵后的鱼群分布在大沙渔场索饵，10 月以后，渔场水温下降，暖流向南退缩，鱼群分别向东海中南部越冬场和五岛越冬场做越冬洄游（图 3-1-12）。

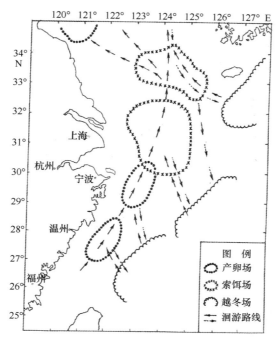

图 3-1-12　鲐鱼洄游分布示意图

当年生的鲐鱼幼鱼，4 月出现在浙江沿海外侧岛屿附近海域索饵成长，鲐鱼幼鱼生长速度较快，6 月在渔山列岛、中街山、浪岗、嵊山等岛屿周围海域可捕到 10～13 cm 的当龄鱼，7 月集群向北移动，8—10 月随着个体逐渐长大，移向外侧海域索饵，在海礁、长江口一带，形成中心分布区，成为群众灯光围网作业的捕捞对象。10 月以后，主群向南洄游，经中街山渔场、鱼山渔场，进入东海中南部越冬场越冬。

2. 蓝圆鲹的洄游分布

蓝圆鲹俗称黄鲏，常与鲐鱼混栖，东海群系有两个分布区，一个靠近浙江近海，另一个靠近日本九州附近。分布于浙江近海的鱼群数量较多，洄游于钓鱼岛与长江口之间，一般不越过长江口，其越冬场在浙江中南部外海，比鲐鱼偏南，且靠近大陆，水深 100～150 m 海域。春季开始生殖洄游并沿途产卵，4—5 月到达披山以东海域，5—6 月到达大陈山、渔山列岛海域，6—7 月到达舟山以东，夏秋季集中分布于舟山至长江口附近海域索饵，冬季返回越冬场越冬。

当年生的蓝圆鲹幼鱼，5—6月分布在南麂岛海域，体长3~8 cm，6月渔山列岛海域幼鱼达5~9 cm，7月幼鱼继续北上，8—9月分布在舟山、长江口海域索饵成长，幼鱼分布偏近岸，成鱼分布偏外海，冬季返回越冬场越冬。

（二）渔场和渔汛

根据鲐鱼的洄游分布规律和渔民的捕捞实践，不同渔场的渔汛期如下。

1. 长江口、海礁渔场

渔汛期为7月下旬至10月中旬，8—9月为旺汛，主要捕捞鲐鱼，其次是蓝圆鲹，还有金色小沙丁鱼。

2. 洋安渔场

渔汛期为6月底至9月，7月下旬至8月中旬为旺汛，123°00′E以东主要捕捞大条鲐、鲹鱼，123°00′E以西主要捕捞当年生的鲐鱼和蓝圆鲹。

3. 鱼山、温台渔场

有3个汛期，冬季（12月至翌年2月）捕捞越冬鲐、鲹鱼，春季（4—6月）捕捞生殖洄游的鲐、鲹鱼；秋季（9—11月）捕捞南下越冬的过路鱼群。在这一带海域还能捕到舵鲣、大甲鲹、沙丁鱼、竹荚鱼等上层鱼类。

渔汛期间，捕捞鲐、鲹鱼的作业，主要有底拖网作业和灯光围网作业，一般底拖网作业渔场比较稳定，而灯光围网作业中心渔场变化比较大。

（三）中心渔场与海洋环境的关系

1. 中心渔场与水文环境的关系

鲐、鲹鱼活动能力强，游动速度快，渔场的变化也大，海洋环境的变化常对中心渔场的形成起制约作用，尤其对近海围网渔场的形成比较明显。渔汛期间，一般有下列两种情况：当沿岸冲淡水较弱，外海高盐水强盛，表层高低盐水系交汇区明显的海域，易形成围网作业中心渔场，如1991年8月，围网渔场出现在29°00′—30°00′N，122°30′—123°30′E一带海域，该海域正是沿岸低盐水系（盐度为30）和外海高盐水系（盐度为34）的交汇区（图3-1-13）。又如1992年8月围网渔场出现在30°00′—31°00′N，123°00′—124°00′E一带海域，该海域也处在沿岸低盐水和外海高盐水的交汇区（图3-1-14）。另一种情况是沿岸冲淡水势力强盛，渔场表层被低盐水覆盖，表层高、低盐水系交汇区没有出现，鱼群分散，难以形成围网鱼发中心。

底拖网渔场的形成条件与围网渔场不同，底拖网渔场相对比较稳定，一般都出现在底层高盐水舌峰附近，这与底层高盐水分布相对稳定有关，年际间，相同月份底层高盐水分布不会有大的变化，因此渔汛期间，遇到沿岸冲淡水强盛时，及时调整作业，对指导渔业生产会起到积极的作用。

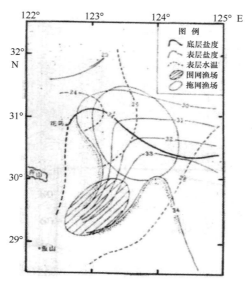

图 3-1-13　1991 年 8 月鲐、鲹鱼中心渔场与水文环境分布图

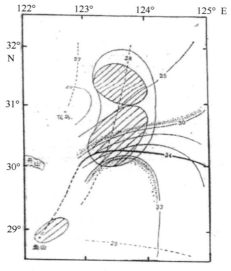

图 3-1-14　1992 年 8 月鲐、鲹鱼中心渔场与水文环境分布图

2. 中心渔场与饵料生物量的关系

鲐、鲹鱼集群分布与中心渔场的形成，除与水文环境有关外，还与饵料生物量的高低有密切关系，秋季正是鲐、鲹鱼索饵洄游季节，海域中浮游动物生物量的分布状况成为鲐、鲹鱼结群洄游和中心渔场形成的重要因素之一。一般鲐、鲹鱼中心渔场分布在 250 mg/m³ 以上高生物量海域（图 3-1-15、图 3-1-16）。

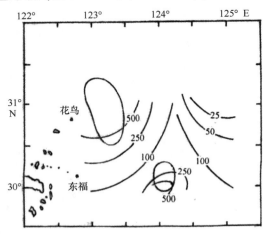

图 3-1-15　1978 年 8 月饵料生物量分布与鲐、鲹鱼中心渔场

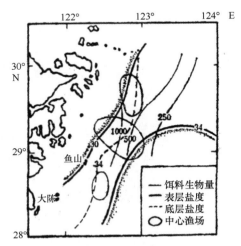

图 3-1-16　1980 年 8 月水系、饵料生物量分布与鲐、鲹鱼中心渔场

上述表明，渔汛期间，调查渔场高、低盐水系的分布状况，交汇区出现与否，台湾暖流的强弱变化，饵料生物量高低的分布状况，对预报中心渔场、指导渔业生产有积极的作用。

第二节　虾类的分布和渔场渔期

一、虾类不同生态群落的分布

浙江渔场虾类种类多，不同生态属性的虾类分布海域不同，虾类的生态群落与海洋环境关系十分密切。沿岸海域受江河径流注入的影响，形成广温、低盐的沿岸水系；东部和东南部受黑潮暖流及其分支台湾暖流、对马暖流和黄海暖流的影响，分布着高温、高盐水系，以及由上述两股水系交汇混合变性而成的混合水，其性质为广温、广盐。根据虾类的分布水深，分布海域的水温、盐度性质，将浙江渔场的虾类分布划分为如下三个生态群落（图3-2-1）。

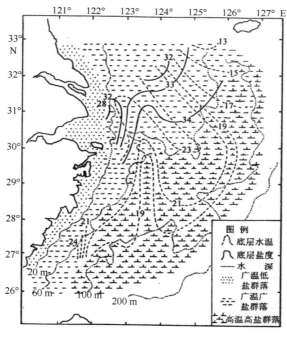

图 3-2-1　夏季水温、盐度与虾类生态群落分布

（一）广温低盐生态群落

分布在 30 m 水深以西的河口、港湾、岛屿周围的沿岸水域，该水域在沿岸低盐水控制下，底层盐度在 25 以下，底层水温变化幅度较大，在 6~26℃，这一海域是广温、低盐虾类的分布区。属本生态群落的虾类主要有安氏白虾（*Exopalaemon annandalei*）、脊尾白

虾（*E. carinicauda*）、细螯虾（*Leptochela gracilis*）、鞭腕虾（*Lysmata vittata*）、锯齿长臂虾（*Palaemon serrifer*）、巨指长臂虾（*P. macrodactylus*）、敖氏长臂虾（*P. ortmanni*）、中国明对虾（*Fenneropenaeus chinensis*）、长毛明对虾（*F. penicillatus*）、中国毛虾（*Acetes chinensis*）、鲜明鼓虾（*Alpheus distinguendus*）等。其中，中国毛虾、脊尾白虾、安氏白虾是沿岸低盐水域的优势种，是沿岸渔业重要的捕捞对象。

（二）广温广盐生态群落

这一生态群落的虾类分布比较广，从沿岸 10 m 水深至外侧 60 m 水深都有分布，但主要分布在 30~60 m 水深海域，该海域为沿岸低盐水和外海高盐水的混合水域，尤其在 30°00′N 以北海域，因受长江冲淡水影响，混合水区广阔，该海域盐度为 25~33.5，周年水温变化幅度为 8~24℃，分布在这一海域虾类适温适盐范围较广，主要有葛氏长臂虾、中华管鞭虾、哈氏仿对虾、细巧仿对虾、周氏新对虾（*Metapenaeus joyneri*）、刀额新对虾（*M. ensis*）、日本囊对虾等。还有一些对盐度要求略偏高，主要分布在 40~70 m 水深海域的虾类，如鹰爪虾、戴氏赤虾、扁足异对虾（*Atypopenaeus stenodactylus*）、滑脊等腕虾（*Heterocarpoides laevicarina*）等也列入这一生态群落。

（三）高温高盐生态群落

分布在 60~200 m 水深高盐水控制海域，该海域盐度在 34 以上，周年水温变化幅度为 15~24℃，分布在该海域的虾类为高温高盐属性。主要种类有凹管鞭虾、大管鞭虾、高脊管鞭虾、假长缝拟对虾、须赤虾、长角赤虾、脊单肢虾（*Sicyonia cristata*）、日本单肢虾（*S. japonica*）、拉氏爱琴虾（*Aegaeon lacazei*）、东方扁虾（*Thenus orientalis*）、毛缘扇虾（*Ibacus ciliatus*）、九齿扇虾、脊龙虾（*Linuparus trigonus*）等。

若把浙江渔场南北以 30°00′N 为界，东西以 60 m 等深线附近为界，划分为 A、B、C、D 4 个区（图 3-2-2），即葛氏长臂虾分布在 A、B 区，长角赤虾分布在 D 区，哈氏仿对虾、中华管鞭虾、鹰爪虾分布在 A、B、C 区，假长缝拟对虾、凹管鞭虾、大管鞭虾、高脊管鞭虾分布在 D、B 区。

二、渔场和渔汛

（一）大中型虾类的渔场和渔汛

浙江近、外海虾类资源丰富，优势种类多，不同种类交替出现，因此，拖虾生产季节较长，几乎周年都可作业。由于不同海域优势种类出现的数量高峰期不同，不同种类生长期和成熟期不同，其渔期和渔场也不相同。根据主要经济虾类的分布状况以及渔民拖虾生

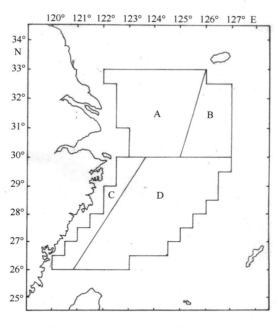

图 3-2-2　主要经济虾类分布区划分

产实践，归纳出本海区拖虾生产有如下六大渔汛（图 3-2-3）。

1. 春秋季葛氏长臂虾汛

春季以捕捞葛氏长臂虾生殖群体为主，渔期在 3—5 月，渔场在舟山渔场近岸水域及吕泗、长江口渔场。秋季以捕当年生的索饵群体为主，同时兼捕中华管鞭虾、哈氏仿对虾，渔场在 30°00′N 以北外侧海域。

2. 夏季鹰爪虾汛

主要捕捞鹰爪虾的产卵群体，也兼捕戴氏赤虾，渔期在 5—8 月，渔场在近海 40～65 m 水深海域。

3. 夏秋季管鞭虾汛

以捕捞凹管鞭虾、大管鞭虾、高脊管鞭虾为主，也捕假长缝拟对虾、须赤虾，渔期在 6—9 月，渔场在 60 m 水深以东海域，是全年最大的捕虾汛期。

4. 秋季日本囊对虾汛

以捕日本囊对虾为主，也捕中华管鞭虾，渔期在 8—11 月，渔场在浙江近海 40～70 m 水深海域。

5. 秋冬季哈氏仿对虾汛

以捕哈氏仿对虾为主，也兼捕鹰爪虾、葛氏长臂虾、中华管鞭虾，渔期在10月至翌年2月，渔场在近海40~70 m水深海域。

6. 冬春季拟对虾汛

以捕假长缝拟对虾和长角赤虾为主，渔期在12月至翌年4月，渔场在温台、闽东渔场60 m水深以东海域。

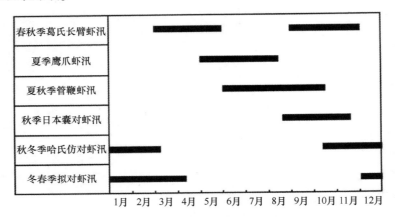

图 3-2-3　浙江渔场拖虾作业的渔汛期

（二）中国毛虾的渔场和渔汛

中国毛虾是营浮游生活的小型虾类，分布于河口、港湾、沿岸浅水海域。春季随着沿岸海区水温回升，分布在50 m水深以东越冬的毛虾群体朝西和西北方向移动，进入沿海浅水区索饵、肥育，5—8月性腺发育成熟，在沿岸低盐水域产卵繁殖，繁殖后亲虾自然死亡。新生代幼虾也分布在沿岸海域索饵成长。10月以后，北方冷空气南下，沿岸海区水温下降，毛虾集群向外侧深水海区洄游，进入越冬场越冬。

毛虾的捕捞汛期主要在冬、春季，渔场主要在30~50 m水深海域，以温台近海渔场为主，其次是渔山列岛近海和舟山近海渔场。冬汛以捕捞当年生越冬洄游群体为主，11月以后，近海水温下降，毛虾开始集群越冬，12月至翌年1月形成冬季捕捞旺汛。春汛以捕捞越冬后进入沿岸生殖洄游的越年群体为主，每年4—5月形成近海毛虾春季生产渔汛，这时毛虾性腺逐渐成熟，个体肥壮。

中国毛虾开发利用历史较长，历来是海洋渔业重要的捕捞对象，捕捞渔具以定置张网作业为主，周年都可捕获，以冬、春季产量最高、质量最好。20世纪80年代浙江省毛虾年产量波动在 $5×10^4 ~ 7×10^4$ t，1994年突破 $10×10^4$ t，21世纪初平均达到 $23×10^4$ t，浙江省毛虾年产量占东海区毛虾年产量的 60%～70%，在海洋捕捞中占有重要位置。

第三节　蟹类的洄游分布和渔场渔期

一、三疣梭子蟹

（一）洄游分布

冬季梭子蟹分布在浙江中南部外侧海区越冬，越冬场底层水温12℃以上，春季随着水温回升，性成熟个体自南向北，从越冬海区向近岸浅海、河口、港湾作产卵洄游。3—4月在福建沿岸海区10～20 m 水深海域，4—5月在浙江中南部沿岸海域，5—6月在舟山、长江口30 m 以浅海域形成梭子蟹的产卵场和产卵期。产卵场底质以砂质和泥沙质为主，水色浑浊，透明度较低，底层水温一般在14～21.3℃，盐度为15.8～30.1。产卵后的群体，分布在舟山渔场、长江口渔场索饵。6—8月孵出的幼蟹分布在沿岸浅海区肥育、成长，秋季个体逐渐长大并向深水海区移动。8—9月近海水温继续上升，外海高盐水向北推进，产卵后的索饵群体和当年成长的群体一起，北移至长江口、吕泗、大沙渔场，中心渔场底层水温20～25℃，盐度30～33。10月以后，随着北方冷空气南下，沿岸水温逐渐下降，索饵群体自北向南，自浅水区向深水区作越冬洄游（图3-3-1）。

（二）渔场和渔期

根据三疣梭子蟹的洄游分布状况和渔民的捕捞实践，三疣梭子蟹的捕捞渔期有春夏季和秋冬季两个渔汛。4—5月在浙江中南部的鱼山渔场、温台渔场，5—9月在舟山、长江口渔场形成春夏季的生产渔汛，北部的吕泗渔场、大沙渔场在7—9月也是梭子蟹的重要渔汛。10月以后至翌年1月在长江口、舟山渔场、鱼山渔场和温台渔场形成秋冬季的捕捞汛期（图3-3-2），这时候的梭子蟹个体肥壮，性腺发达，商品价值高，是渔业利用的最佳时期。

二、其他经济蟹类

浙江渔场的经济蟹类，除了传统利用数量较大的三疣梭子蟹外，还有分布在沿岸近海、河口、岛屿周围水域的日本蟳（*Charybdis japonica*）、红星梭子蟹（*Portunus sanguino-lentus*）、锯缘青蟹（*Scylla serrata*），以及近外海新开发利用的细点圆趾蟹（*Ovalipes punc-tatus*）、锈斑蟳（*Charybdis feriatus*）、武士蟳（*Charybdis miles*）、光掌蟳（*Charybdis river-*

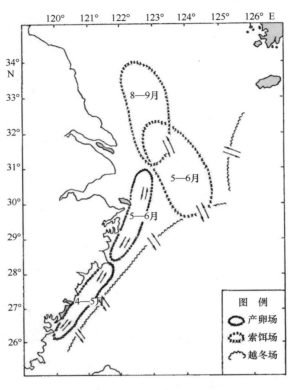

图 3-3-1　三疣梭子蟹洄游分布示意图

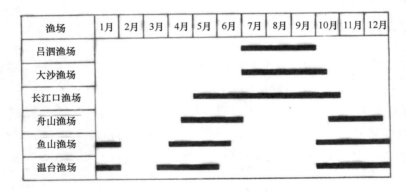

图 3-3-2　三疣梭子蟹的渔场渔期

sandersoni）等（表 3-3-1）。

（一）细点圆趾蟹

细点圆趾蟹分布于日本、澳大利亚、新西兰、马达加斯加、南非、秘鲁及中国的黄海、东海、南海。在东海分布广阔，主要有三大渔场，一是在大沙、长江口渔场 20～40 m

水深海域，是细点圆趾蟹最大的生产渔场，在该渔场，细点圆趾蟹群体数量大，分布范围广，中心渔场明显，渔汛期主要在3—6月。二是在闽东渔场外侧80~120 m水深海域，渔期在春、夏季，以8月生产最好。三是在舟外渔场80 m水深以深海域，生产季节在冬、春季。

表3-3-1　东海主要经济蟹类的渔场、渔期

种类	渔汛	渔期	渔场
三疣梭子蟹	秋冬汛	9—12月	大沙、长江口、舟山渔场
细点圆趾蟹	春夏汛	3—6月	大沙、长江口、舟外、闽东渔场
锈斑蟳	秋冬汛	11—2月	浙江近海内侧海域
武士蟳	冬春汛	12—4月	浙江近海60~100 m水深海域
光掌蟳	春夏汛	5—8月	浙江中南部80 m水深以东海域
红星梭子蟹	秋冬汛	9—12月	大沙、长江口、舟山渔场
日本蟳	秋冬汛	9—12月	浙北近海20~60 m水深海域及中、南部10~20 m沿岸及岛礁周围海域

（二）锈斑蟳

锈斑蟳分布于日本、澳大利亚、泰国、菲律宾、印度、马来群岛、坦桑尼亚、东非、南非、马达加斯加及中国的东海、南海。在东海主要分布于长江口以南60 m水深以浅的沿岸近海。对温度要求较高，对盐度适应性较广，一般不越过长江口，生产渔场主要在鱼山渔场、温台渔场及闽东渔场60 m水深以浅海域，其中，以闽东渔场资源数量较高，中心渔场明显，渔期为11月至翌年2月，以捕捞越冬群体为主，主要捕捞渔具为蟹笼、定置刺网等。根据吴国凤等（2002）报道，在笼捕作业中其渔获量约占70%。

（三）日本蟳

日本蟳分布于日本、朝鲜、韩国及中国的渤海、黄海、东海和南海。在东海主要分布于吕泗–大沙渔场，长江口、舟山渔场20~60 m水深海域及浙江中、南部10~30 m水深的沿岸海域及岛礁周围，是重要的可食用蟹类。常年可进行捕捞，主要汛期在9—12月。

（四）武士蟳

武士蟳分布于日本、澳大利亚、菲律宾、新加坡、印度、阿曼湾及中国的东海、南海。在东海主要分布于31°00′N以南的浙江中部和南部40~100 m水深海域，数量分布较为均匀，没有明显的密集中心，以60 m水深左右海域数量较多，主要为桁杆拖虾网和底拖网作业的兼捕对象，汛期在冬、春季，以2月数量较多。

（五）光掌蟳

光掌蟳分布于日本、印度及中国的东海。东海主要渔场在 30°00′N 以南，80 m 水深以深的外侧海域，中心渔场在温台渔场、闽东渔场外侧，汛期在春、夏季，以 8 月数量较多。对温度、盐度适应性比较狭窄，要求有较高的温度、盐度，栖息海域盐度一般在 34.0 以上，底层水温在 14~24℃，属高温高盐生态类群。

（六）红星梭子蟹

红星梭子蟹分布于日本、夏威夷、菲律宾、澳大利亚、新西兰、马来群岛、印度洋、南非沿海及中国的东海、南海。为近海暖水性经济蟹类，传统的渔业捕捞对象，群体数量不大，常与三疣梭子蟹混栖，分布水深比三疣梭子蟹略浅，以近岸水域为主，外海水域数量较少，栖息底质多为砂、沙泥质。渔场主要分布在长江口渔场、大沙渔场、舟山渔场 10~40 m 水深海域，汛期为秋冬季，以捕捞红星梭子蟹生殖群体为主。捕捞渔具有底拖网、桁杆拖虾网、蟹笼、流刺网、定置张网、帆式张网等。

（七）锯缘青蟹

锯缘青蟹分布于日本、菲律宾、泰国、夏威夷、澳大利亚、新西兰、印度洋、红海、东非、南非以及中国的东海、南海。东海主要分布在浙江、福建沿岸海域。生活于近岸或河口附近，温暖而盐度较低的浅海。成熟的雌蟹常由河口咸淡水域游向近海产卵，产卵期在 9—11 月。孵出的幼蟹常随潮流进入近岸或河口觅食成长。捕捞渔期主要在秋季，该种离水后不易死亡，是传统的出口水产品，经济价值较高。

第四节　头足类的洄游分布和渔场渔期

一、曼氏无针乌贼

（一）洄游分布

曼氏无针乌贼利用历史较长，20 世纪 50—70 年代是浙江四大渔业产量之一，浙江沿海为其主要产区。洄游于浙江渔场的曼氏无针乌贼有两个地方性种群，一是浙北种群，另一个是浙南、闽东种群。浙北种群的越冬场位于舟山、舟外渔场和鱼山、鱼外渔场 60~80 m 水深海域。春季随水温上升，暖流势力增强，曼氏无针乌贼从越冬场朝西北方向进入沿岸岛屿周围海域产卵繁殖，形成春夏季曼氏无针乌贼渔汛（图 3-4-1），在浙江北部岛屿周围孵化的幼乌贼，分布在各产卵场附近的浅水区索饵成长，7—9 月在大陈、渔山列岛、虾峙、桃花、朱家尖、鼠狼、黄龙、碧下等岛屿周围的张网中都能捕到 30~40 mm 的幼乌贼，随着幼乌贼逐渐长大，移向外侧深水海区索饵成长，冬季进入越冬场越冬。

浙南、闽东种群的越冬场位于浙江南部至东引以东 60~80 m 水深海域，呈东北—西南带状分布，即在台湾暖流和沿岸水交汇的混合水带。春季随水温上升，暖流势力增强，曼氏无针乌贼从越冬场朝西北方向进入闽东渔场的台山、四礵、官井洋、三都澳和浙江南部的南麂、北麂、洞头等附近海域产卵繁殖，形成春夏季曼氏无针乌贼渔汛。6—8 月幼乌贼分布在附近海域索饵成长，并随着个体逐渐长大向外侧海域移动，冬季进入越冬场越冬。

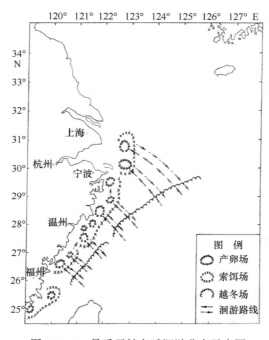

图 3-4-1　曼氏无针乌贼洄游分布示意图

（二）渔场和渔期

20 世纪 50—70 年代，曼氏无针乌贼渔汛期，浙江南部从清明开始至浙江北部小暑结束，历时 3 个多月。乌贼汛期，渔场最适水温为 17~20.5℃，盐度为 25~29。

1. 浙江南部沿海产卵场

包括南北麂渔场、洞头渔场和大陈渔场，其汛期从谷雨开始至芒种结束（4 月下旬至6 月上旬），立夏至小满为旺汛。乌贼旺发时，人们站在近岸的岩礁上就可以捞到，渔谚云"清明论个，谷雨论担"，浙江平阳县年产量约 2 000 t。

2. 浙江北部沿海产卵场

包括中街山渔场、嵊山、花鸟渔场。汛期从谷雨（4 月下旬）开始至小暑（7 月上旬）结束，5 月中旬至 6 月中旬（小满至芒种）为旺汛。有"立夏见影，小满撞山"和"立夏上山，小满生蛋"之说。舟山渔场的乌贼产量，20 世纪 60 年代年平均为 $2.3×10^4$ t，约占全省平均年产量（$4.3×10^4$ t）的 53.5%。

3. 大量拦捕进港产卵群体，造成资源衰败，渔汛消失

曼氏无针乌贼的产卵场分布在水质澄清、海藻茂密的岛屿岩礁附近海域，渔场比较近，历史上都用乌贼拖网、光照板罾或乌贼笼（竹笼）诱捕，一般在潮流平缓时生产较好，这与捕捞产卵大黄鱼需要在潮流湍急时正好相反，因此渔民在大潮汛时捕大黄鱼，小潮水时捕乌贼，20 世纪 50—60 年代资源比较稳定，产况比较好。自 70 年代以后，机帆船和渔轮在产卵场外围大量拦捕未产卵的亲体，严重影响了乌贼资源的繁衍，造成乌贼资源衰败。自 80 年代开始，各产卵场的乌贼数量逐年下降，至 80 年代末，渔汛消失了。

二、剑尖枪乌贼

（一）洄游分布

剑尖枪乌贼属浅海性暖水种，分布于中国东海、南海，日本群岛南部、菲律宾群岛到澳大利亚北部海域，浙江渔场主要分布在 30°00′N 以南的大陆架外缘海域。春季近海水温回升，剑尖枪乌贼从 29°00′N 以南的浙江中南部外海越冬场朝西北方向移动，4—5 月在温外渔场、闽外渔场及鱼外渔场，即 26°00′—29°00′N，100～200 m 水深海域，开始出现比较密集的分布区。6—7 月随着暖流势力增强，继续朝西北方向移动，在温台渔场、鱼山、鱼外渔场，舟山渔场、舟外渔场水深 60～100 m 海域形成较密集的分布中心，并进行繁殖产卵。6—9 月在上述海域形成捕捞汛期。10 月以后，随着北方冷空气南下，近海水温下降，剑尖枪乌贼数量明显减少，朝东南方向移向外海越冬场越冬（图 3-4-2）。剑尖枪乌贼是春夏季北上进行生殖洄游，秋冬季新生代南下越冬洄游。其洄游的距离不远，洄游的规模也不大。

（二）渔场和渔期

剑尖枪乌贼的渔汛期一般在 5—9 月，旺汛期为 6—8 月，中心渔场有两处，一是在 27°00′—28°30′N，122°30′—124°30′E，另一处在 28°00′—30°30′N，124°00′—126°30′E，中心渔场水深在 80～100 m 等深线附近海域。其适温范围一般在 12～27℃，适盐范围

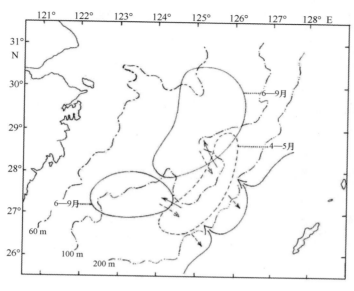

图 3-4-2　剑尖枪乌贼洄游分布示意图

32.0~34.7。据调查，剑尖枪乌贼中心渔场底层水温为 18~21℃，底层盐度为 34~34.5 的高盐水海域。

　　剑尖枪乌贼是 20 世纪 90 年代初浙江外海渔场新开发利用的头足类资源之一，主要为单拖作业所捕捞，年产量为 $2×10^4 ~ 3×10^4$ t，商品价值高，是重要的出口水产品，干制品在国际市场列为一级品，深受消费者欢迎。

三、太平洋褶柔鱼

（一）洄游分布

　　太平洋褶柔鱼属暖温带种，分布于暖流水系与寒流水系、大洋水系与沿岸水系交汇海域。在太平洋西部，北自堪察加半岛南端，南至粤东外海都有分布，主要分布于日本群岛周围海域，尤以日本海的密度最高，我国东海外海及黄海北部也有一定的分布密度。太平洋褶柔鱼能作长距离的水平洄游，在整个生命期中，适温范围广，北上交配时适温 10~17℃，南下产卵时适温 15~20℃，其洄游活动中与不同水系、不同水团所形成的锋区以及温跃层关系密切，与黑潮主轴的移动路线相吻合。

　　浙江外海是太平洋褶柔鱼的越冬场和产卵场，冬季太平洋褶柔鱼在浙江中南部外海深水海域越冬并产卵，春季随着水温上升，黑潮暖流势力增强，孵化后成长的太平洋褶柔鱼主群进入对马海峡，并随对马暖流继续朝日本海方向索饵洄游。另一支朝西北方向，随着台湾暖流和黄海暖流北上，5—6 月在 29°00′—30°30′N，125°00′—126°30′E 之间形成比较密集的分布区；6—7 月到达长江口-舟山渔场索饵肥育，形成捕捞渔场；7—8 月继续北上进入黄海；8—10 月在黄海中部渔场（35°30′—37°00′N，123°00′—125°00′E）形成密集的分布区，进行索饵和交尾，这时正是黄海的捕捞汛期。10 月以后，黄海水温下降，太平洋褶柔鱼逐渐向南移动，经济州岛附近海域，进入浙江外海越冬场越冬。分布在日本海的柔鱼群体，10 月也向南移动，到达日本海南部和对马海域，10—12 月在济州岛东部、东南部的对马海域形成密集的分布区，这时捕上来的柔鱼性腺已近成熟，大部分为 IV 期个体，冬季随着水温下降继续南下，进入浙江外海越冬场越冬产卵（图 3-4-3）。浙江外海太平洋褶柔鱼以冬生群为主，它是北上索饵交配，南下越冬产卵，进行季节性的洄游，其洄游呈辐射式的分支洄游，形成若干个地方群，这种洄游与海流的关系十分密切。浙江南部外海有黑潮暖流流过，其分支对马暖流、黄海暖流和台湾暖流，对太平洋褶柔鱼的洄游分布以及渔场的形成起重要作用。

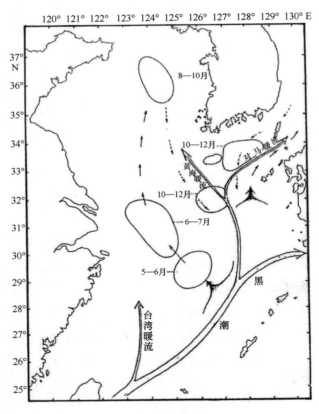

图 3-4-3　太平洋褶柔鱼洄游分布示意图

（二）渔场和渔期

太平洋褶柔鱼在东海的渔场有两处，一是在长江口渔场、舟山渔场，渔汛期在 6—7 月。另一处在沙外渔场、江外渔场，即济州岛东部、东南部和南部海域，渔汛期在 10—12 月。上述两个汛期捕捞的太平洋褶柔鱼群体组成各不相同，前者是正在成长的北上索饵群体，个体比较小，优势胴长为 125~175 mm，优势体重为 45~120 g。后者是南下越冬的过路群体，个体比较大，优势胴长为 215~260 mm，优势体重 190~380 g，多数雌体性腺饱满，接近成熟产卵。

（三）渔业状况

太平洋褶柔鱼是世界经济头足类产量最高的一种，20 世纪 50—70 年代世界一般年产量在 50×10^4 t 左右，90 年代中期创历史最高水平，达到 71×10^4 t（1996 年）。主要产于日本海和日本群岛周围海域，是日本和韩国重要的捕捞对象。东海太平洋褶柔鱼资源量不高，据丁天明等（2001）对东海（26°00′—30°30′N，121°00′—127°00′E）海域初步评估，太平洋褶柔鱼的资源量为 $2 \times 10^4 \sim 3 \times 10^4$ t，其渔场主要在北部的长江口渔场和济州岛东南部的江外渔场、沙外渔场，捕捞渔具主要为单拖和双拖渔轮。自 1990 年开始，舟山海洋渔业公司拖网渔轮进入日本海捕捞太平洋褶柔鱼，随后国营和群众渔业也相继赴日本海作业，增加了日本海太平洋褶柔鱼群体的利用。

第五节　海蜇的洄游分布和渔场渔期

一、洄游分布

海蜇属腔肠动物水母纲，古时称作"鲊"，自身游泳能力差，靠风和流做浮游移动。春季在偏南季风作用下，幼蜇游离繁殖场，由南向北浮游，在浮游途中摄食成长；秋季在偏北季风的作用下，成蜇又游离栖息渔场，由北向南浮游（图 3-5-1），在浮游途中，亲蜇性腺已发育成熟，一旦水温适宜，即行产卵。浙江海蜇有两个群体，一个是浙南群体，一个是杭州湾群体。

（一）浙南群体

浙南群体稚蜇发生于沙埕港到飞云江口之间，分布于 5~15 m 水深一带海域，4—5 月大量出现，有渔谚云"四月初见红，四月初八满江红"，此时幼蜇随风和流漂浮北上，并迅速长大，5月中旬以后，在偏南季风和流的推动下越过欧江口，沿着10~20 m等深线向北浮游索饵。6月下旬抵达朱家尖、普陀山外侧水域和金塘洋面，这时伞径长至40 cm左右，形成"梅蛰"汛期。7月初到达嵊泗列岛，并在此集结较长时间，故嵊泗渔场是海蛰生产的重要渔场，具有汛期长、产量高的特点。7月以后在较强南季风推动下，部分海蛰越过长江口进入吕泗渔场。8月下旬以后，偏北风频增多，海蛰自北而南依次复趋南移，在南移过程中，性腺发育迅速，8月底至9月，当水温降至26℃，开始产卵，至10月下旬产卵结束，海蛰衰老死亡。

（二）杭州湾群体

杭州湾群体幼蛰于6月初见苗，分布于嵊泗列岛西侧水深5~15 m水域，活动范围局限于杭州湾至长江口一带，生长速度缓慢，"梅汛"开始时，伞径不足20 cm，仅及浙南群体伞径的一半。杭州湾群体在嵊泗渔场与浙南群体会合，使嵊泗渔场海蛰产量居浙江省之首，占全省海蛰产量的25%~30%。

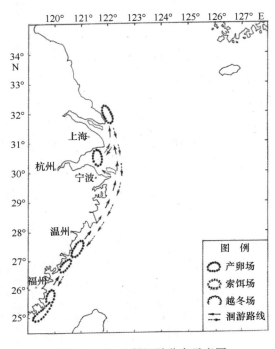

图 3-5-1　海蛰洄游分布示意图

二、渔场和渔期

（一）浙南渔场

浙南渔场位于洞头县、平阳县沿海，水深 5~15 m，渔汛期为夏、秋两季，以秋季为主。夏汛于芒种以后，生产时间很短，只生产 1 周左右，部分海蜇群体是由闽东渔场浮游而来。秋汛是浙南渔场的主要汛期，渔期从立秋开始至霜降（8 月初至 10 月下旬），旺汛在处暑至白露（8 月中旬至 9 月中旬）。

（二）台州渔场

台州渔场位于浙江中部沿海，是浙南群体往返浮游必经之地，主要作业海区在东矶列岛、台州列岛和披山一带。渔汛分夏、秋两汛，夏汛为夏至至小暑，秋汛为处暑至白露。

（三）中街山渔场

中街山渔场也是海蜇北上南下必经之地，主要作业海区在中街山列岛内侧、朱家尖、桃花岛和六横岛一带，汛期分梅蜇汛和秋蜇汛。梅蜇汛期为夏至至大暑（6 月下旬至 7 月下旬）；秋蜇汛期为处暑至秋分（8 月下旬至 9 月下旬），秋蜇汛实际作业时间比梅蜇汛长，产量也较高。

（四）嵊泗渔场

嵊泗渔场位于钱塘江口外，渔场自然条件优越，岛屿星罗棋布，海底平坦，泥沙底质，水深 10~30 m，宜于海蜇集结；汛期较长，自 6 月开始至 10 月结束，其中可分为梅蜇汛、伏蜇汛、秋蜇汛、寒露汛四个汛期。梅蜇汛期自夏至至大暑（6 月下旬至 7 月上旬），海蜇伞径为 40~50 cm；伏蜇汛期自大暑至处暑（7 月下旬至 8 月下旬），优势伞径为 50~70 cm；秋蜇汛期自处暑至秋分（8 月下旬至 9 月下旬），优势伞径为 60~70 cm，此时海蜇胶质厚、质量好、成品率高；寒露汛期为秋分至霜降（9 月下旬至 10 月下旬），优势伞径为 50~65 cm，此时海蜇衰老，个体缩小，胶质变脆。

海蜇汛到来之时，在沿海、港湾用肉眼能目睹海蜇的游动，渔民用稻草绳张网或其他麻制张网张捕。浙江省海蜇年产量，20 世纪 50—60 年代一般年产量为 $1 \times 10^4 \sim 3 \times 10^4$ t，高的年份达到 3.49×10^4 t（1966 年）。浙南群体，1974 年开始衰退，至 1990 年已经绝迹。杭州湾群体 1976 年以后也逐渐衰退，年产量维持在 1 000 t 左右，1993—1999 年有所回升，平均为 5 311 t，21 世纪初又有所下降，平均为 2 500 t。

第四章 主要经济种类的生物学 和生态学特性

第一节 大黄鱼

大黄鱼是浙江传统的主要经济鱼类，20世纪50—70年代是浙江"四大渔产"之一，一般年产量 $5×10^4$ ~ $10×10^4$ t，最高年产量 $16.8×10^4$ t。由于不合理利用，其资源于70年代中期开始衰退，80年代末渔汛消失，其生物学指标也发生变化，表现在高龄鱼减少、年龄序列缩短、平均年龄降低、提早性成熟等生物学自身调节机制。

一、群体组成

（一）体长、体重组成

20世纪70年代以前，浙江渔场大黄鱼群体由春夏季的生殖群体和秋冬季的越冬群体组成。春夏季岱衢洋大黄鱼生殖群体的体长组成，根据1979—1982年的资料，体长范围为150~580 mm，平均体长372.1 mm，优势组体长为290~460 mm，占72.4%；体重组成范围为200~2 100 g，平均体重为799.9 g，优势组体重为400~1 100 g，占67.7%。舟外渔场、江外渔场的越冬群体，据1974—1976年的资料，体长范围为160~530 mm，平均体长305.0 mm，优势组体长为270~320 mm，占61.5%；体重范围为50~1 700 g，平均体重390.4 g，优势组体重为150~600 g，占79.9%（表4-1-1）。

表4-1-1 浙江渔场大黄鱼体长、体重组成

| 群体 | 年份 | 体长（mm） | | | | 体重（g） | | | | 样本数 |
		范围	平均	优势组	百分比（%）	范围	平均	优势组	百分比（%）	
生殖群体	1979—1982	150~580	372.1	290~460	72.4	200~2 100	799.9	400~1 100	67.7	4 525
越冬群体	1974—1976	160~530	305.0	270~320	61.5	50~1 700	390.4	150~600	79.9	3 450

（二）年龄组成

大黄鱼已发现的最高年龄为 29 龄。1974—1976 年舟外渔场、江外渔场越冬群体的年龄组成范围为 0~21 龄，平均年龄为 3.44 龄，优势组为 1~4 龄，占 81.8%。1979—1982 年岱衢洋生殖群体的年龄组成范围为 1~15 龄，平均年龄为 4.37 龄，优势组为 2~7 龄，占 91.6%（表 4-1-2）。

早在 20 世纪 50—60 年代，大黄鱼高龄鱼多，年龄序列长，如 1958 年岱衢洋捕捞群体中，年龄分布从 2 龄至 23 龄，平均年龄为 6.78 龄。1965 年的年龄分布从 2 龄至 25 龄，平均年龄为 6.18 龄。但自 70 年代中期以后，高龄鱼明显减少，11 龄以上的高龄鱼，从 1965 年 14.2%至 1975 年下降到 1.4%，1981 年降到 0.5%，年龄序列缩短，平均年龄降低，年龄组数由 50—60 年代的 21~24 组下降到 70—80 年代的 13~14 组，其优势组和平均年龄也随之下降。这反映出大黄鱼资源在逐年衰退，至 80 年代末已形不成群体，渔汛也消失了。

表 4-1-2　浙江渔场大黄鱼的年龄组成

群体	年份	年龄范围	平均年龄	优势组	百分比（%）	样本数
生殖群体	1979—1982	1~15	4.37	2~7	91.6	4 525
越冬群体	1974—1976	0~21	3.44	1~4	81.8	3 450

二、年龄与生长

（一）年龄

大黄鱼的年龄通过耳石进行鉴定，鳞片也可以用于年龄鉴定，大黄鱼的年轮一般一年形成一次，夏季出生的个体，形成时间在翌年 5—6 月，体长分布为 120~180 mm。秋季生殖群体出生的个体，少数在翌年秋季形成年轮，多数要延至第三年 4—5 月才形成第一个年轮，形成时间为 1.5 年左右（农牧渔业部水产局，东海区渔业指挥部，孔祥雨，1987），体长范围为 160~210 mm。

（二）体长与体重的关系

大黄鱼体长与体重呈幂函数关系，关系式为 $W = aL^b$，其中，W 为体重，L 为体长。浙江渔场不同群体体长与体重的关系式如下：

生殖群体：$W = 8.337\ 5 \times 10^{-5} L^{2.709\ 6}$　　　$r = 0.999\ 9$

越冬群体：$W = 5.383\ 8 \times 10^{-5} L^{2.746\ 2}$　　　$r = 0.998\ 8$

（三）一般生长规律

大黄鱼生长的一般规律可用 Von Bertalanffy 生长方程来描述，公式为：

体长生长方程：$L_t = 512.4[1 - e^{-0.2903(t+0.486)}]$

体重生长方程：$W_t = 1832.3[1 - e^{-0.2903(t+0.486)}]^{2.7096}$

用浙江渔场岱衢洋大黄鱼生殖群体各龄鱼的体长、体重实测值与算出的理论值求得的各项参数，画出生长曲线，其体长的生长曲线是一条不具拐点的渐近值曲线，它反映出大黄鱼体长增长随年龄变化的一般规律，通常在 3 龄以前生长较快，而后趋于缓慢。大黄鱼体重的生长曲线是一条具拐点的 S 形曲线，反映出总重量生长随年龄增大由慢到快再转向慢的一般生长规律。

（四）阶段生长

根据 1982 年浙江岱衢洋大黄鱼各龄的体长和体重平均值，计算出体长和体重的相对增长率。结果显示：2~3 龄鱼的体长和体重的相对增长率最高，分别为 34.5% 和 66.4%；其次是 3~4 龄和 4~5 龄，其体长和体重增长率分别为 13.6%、41.2% 和 14.6%、44.0%；5 龄以后相对增长率就逐年下降（表 4-1-3）。

表 4-1-3　1982 年浙江岱衢洋大黄鱼生殖群体的阶段生长

年龄	体长		体重	
	平均体长（mm）	相对增长率（%）	平均体重（g）	相对增长率（%）
2	263.9		303.8	
		34.5		66.4
3	318.6		505.5	
		13.6		41.2
4	361.8		713.9	
		14.6		44.0
5	414.5		1 028.1	
		7.0		20.7
6	443.6		1 204.6	
		3.1		7.8
7	457.5		1 337.9	
		1.1		4.8
8	462.6		1 402.3	

三、生殖特性

（一）产卵场与产卵期

大黄鱼产卵场位于河口附近、港湾和岛屿之间，水深一般在 30 m 以内，水色、透明度较低，海底平坦、流速较大的水域。浙江渔场大黄鱼的产卵场，自南至北有乐清湾产卵场，猫头洋、大目洋产卵场和岱衢洋、大戢洋产卵场。产卵期一般从 4 月上旬开始至 6 月下旬结束，南部略早，北部略迟。大黄鱼产卵要求一定的温度、盐度和流速，岱衢洋产卵场大黄鱼产卵期在 5 月上旬至 6 月中下旬，最适水温为 15~22℃，盐度为 17~28，流速一般为 2~4 kn。

（二）性成熟年龄

大黄鱼初届达到性成熟年龄为 2 龄，20 世纪 50—60 年代 2 龄鱼达到性成熟的比例很低，只占 2%~4%，3 龄鱼占 50% 左右，5 龄鱼才达到 100% 性成熟。自 70 年代以后，在同龄鱼中，提早达到性成熟的比例逐年增多，1982 年初届达到性成熟的 2 龄鱼就占 88%，3 龄鱼达到 97%，自 4 龄鱼开始已 100% 达到性成熟（表 4-1-4）。

表 4-1-4　不同年龄大黄鱼雌鱼性成熟比例　　　　　　　　单位:%

年份	2 龄	3 龄	4 龄	5 龄	6 龄	样本数
1957	4	46	93	100	100	224
1961	2	48	96	100	100	
1979	30	89	96	100		132
1980		97	100	100		538
1982	88	97	98	100		865

引自：农牧渔业部水产局，东海区渔业指挥部，孔祥雨，1987.

（三）生殖力

浙江渔场岱衢洋大黄鱼生殖鱼群的绝对怀卵量，其变化范围为 7.01~141.32 万粒，平均为 47.64 万粒，一般以 20~50 万粒较多。大黄鱼绝对怀卵量（R）与体长（L）呈幂函数的关系，其关系式为：$R = 0.671L^{3.60}$。

四、摄食习性

大黄鱼是广食性的捕食性鱼类，扬纪明和郑严（1962）、王复振（1964）都曾对大黄鱼的摄食习性进行深入的研究。据王复振报道，浙江渔场大黄鱼摄食对象有 18 类 64 种，其出现频率最高为长尾类，占 29.4%，其次是磷虾类、糠虾类、桡足类、端足类和鱼类，占 11.1%~5.5%，短尾类、水母类、毛颚类、技角类也占 2%~3%，其余都在 1% 以下。大黄鱼的主要饵料生物是龙头鱼等鱼类和中国毛虾等长尾类。大型鱼摄食虾蛄、长臂虾、哈氏仿对虾及鱼类较多。小型鱼摄食小型长尾类最多，特别是中国毛虾、细螯虾和磷虾。大黄鱼在生殖期内较少摄食，尤其在产卵时摄食量很少，其他时间都摄食，摄食强度白天比夜间强，尤其中午前后摄食最强。

第二节 小黄鱼

一、群体组成

（一）体长、体重组成

根据 1960—1961 年浙江近海资源调查，小黄鱼的体长范围为 30~360 mm，优势体长为 200 mm 左右。至 2008—2009 年浙江渔场小黄鱼的体长范围已缩短至 65~255 mm，平均体长 124 mm，优势组体长为 100~160 mm，占 92.36%；体重范围为 5.2~256.6 g，平均体重 35.65 g，优势体重为 20~80 g，占 95.43%。可以看出，体长 260~360 mm 的大条鱼已不存在，群体的平均体长降到 124 mm，小黄鱼群体小型化比较严重。

（二）年龄组成

小黄鱼的寿命具有明显的地理差异。浙江渔场小黄鱼已发现的最大年龄为 8 龄，吕泗洋渔场已发现最大年龄为 23 龄，黄渤海也发现过 21 龄的高龄鱼（农牧渔业部水产局，东海区渔业指挥部，毛锡林，等，1987）。1959 年浙江近海小黄鱼的年龄分布为 1~8 龄，平均年龄 2.3 龄。2002—2003 年东海北部、黄海南部小黄鱼的年龄组成已下降为 0~4 龄，共 5 个年龄组，以当龄鱼和 1 龄为主，占 81.39%。其年龄序列已明显缩短，高龄鱼没有了，群体组成以当龄鱼和 1 龄鱼为主。

与浙江渔场邻近的吕泗洋产卵场，历史上是盛产小黄鱼的主要渔场，也是浙江渔民常前往作业的渔场，该渔场小黄鱼的种群结构也发生重大变化。1959 年小黄鱼的年龄分布范围为 1~20 龄，平均年龄 5.12 龄，10 龄以上的高龄鱼占 14.2%，平均体长和平均体重为 214.2 mm 和 211.0 g。由于捕捞因素的影响，至 1981 年年龄范围已降到 1~5 龄，平均年龄降到 1.48 龄（表 4-2-1），20 世纪 90 年代平均年龄降到 1.04 龄，2000 年后平均年龄已降至不足 1 龄。

表 4-2-1　吕泗洋产卵场小黄鱼种群结构的变化

年份	年龄			平均体长（mm）	平均体重（g）	初届性成熟体长（mm）
	范围	平均年龄	10 龄以上（%）			
1959	1~20	5.12	14.2	214.2	211.0	140~160
1975	1~4	2.10	—	171.4	91.6	
1981	1~5	1.48	—	153.9	89.0	120~140

引自：农牧渔业部水产局，东海区渔业指挥部，毛锡林，等，1987.

二、生长规律

2002—2003 年严利平对东海北部、黄海南部小黄鱼进行研究，认为雌雄鱼体长、体重的关系无明显差异，Von Bertalanffy 生长参数在小黄鱼性别方面无显著性差异。

雌雄合并估算的参数为：$L_\infty = 233.23$ mm，$K = 0.29$，$t_0 = 1.4$

生长方程的表达式为：$L_t = 233.23 \left[1 - e^{-0.29(t+1.4)} \right]$　　　$r = 0.96$

三、繁殖习性

（一）产卵期和产卵场

早在 20 世纪 50—60 年代，浙江近海小黄鱼的产卵期主要在 3—4 月，浙江南部渔场小黄鱼性成熟较早，1 月底 2 月初就有少量性成熟鱼体，北部渔场性成熟较迟。产卵场分布在外海高盐水系和沿岸低盐水系交汇海域，一般水深在 20~50 m，底层水温为 12.0~15.5℃，盐度为 30~33。比较集中的产卵场有两处，一是在 29°30′N 以南的洋安、渔山列岛海区（称为"南洋旺风"渔场），另一处在 31°00′N 以北的佘山海区（称为"北洋旺风"渔场，（郁尧山，等，1964）。自 20 世纪 60 年代后期以后，小黄鱼资源出现衰退，鱼群分散，已不能形成产卵场。

（二）性成熟年龄

浙江近海产卵场小黄鱼初届性成熟年龄为 1 龄、体长为 130~140 mm，约占 10%，比吕泗洋产卵场（140~160 mm）略偏小，大量性成熟年龄为 2 龄、体长 170~190 mm，占80%（毛锡林，等，1987）。

（三）繁殖力

根据水柏年对舟山渔场和吕泗渔场小黄鱼产卵群体怀卵量的测定，其变动范围为0.41 万~21.82 万粒，平均为 4.49 万粒，个体绝对生殖力与纯重的关系为：

$$r = 8\,302 + 538.5W$$

式中，r 为绝对生殖力，W 为纯重。

四、摄食习性

小黄鱼属浮游动物食性兼游泳生物食性的鱼类，摄食种类十分广泛，据王复振

（1964）分析其食物种类有 11 大类群 42 种，包括长尾类、磷虾类、糠虾类、端足类、鱼类、毛颚类、短尾类、桡足类、口足类、头足类、水母类等，其中出现频率最高的是长尾类和磷虾类，分别达到 26.7% 和 20.5%，其次为糠虾类和端足类，出现频率为 16.1% 和 10.3%；鱼类和毛颚类居第三，出现频率为 7.6% 和 6.4%；其他各类群出现频率都在 3.5% 以下。从摄食重量来看，以长尾类和鱼类最高，达到 35.02 mg 和 32.12 mg；其次是磷虾类，为 23.47 mg；其余各类群重量组成都较低。

2008—2009 年浙江省海洋水产研究所对小黄鱼的摄食习性进行研究，已鉴定的食物种类有 76 种，隶属于 5 门 16 大类，其主要生物类群为长尾类、鱼类、端足类、磷虾类、糠虾类、桡足类等，与王复振的研究基本相同。

第三节　带　鱼

一、群体组成

（一）体长（肛长）分布

浙江渔场带鱼生殖群体和越冬群体的肛长范围分别为 150~540 mm 和 110~420 mm，优势肛长分别为 230~280 mm 和 210~270 mm。由于捕捞的影响，自 20 世纪 50 年代至今，带鱼肛长已发生明显的变化，280 mm 以上的大条带鱼比例越来越少，而 230 mm 以下的小条带鱼越来越多，230~280 mm 的中条带鱼，过去始终是优势组成，但自 70 年代后，其优势地位被小条带鱼所取代，带鱼捕捞群体的平均体长越来越小。例如夏季带鱼生殖群体，雌鱼的优势肛长从 1963 年的 230~360 mm 下降到 1978 年的 180~250 mm，平均肛长从 1963 年的 288.4 mm 下降到 1978 年的 222.2 mm，下降了 66.2 mm；雄鱼的平均肛长，从 1963 年的 260.8 mm 下降到 1978 年的 210.9 mm，下降了 49.9 mm（表 4-3-1）。又如冬季嵊山渔场带鱼越冬群体，平均肛长从 1958 年的 261.7 mm 下降到 1977 年的 238.8 mm，下降了 22.9 mm（表 4-3-2）。而且大条鱼少了，小条鱼增多，230 mm 以下的小条鱼从 1958 年的 7.3% 增加至 1977 年的 39.2%，增幅达 4.3 倍。

进入 20 世纪 80—90 年代，在高强度的捕捞压力下，带鱼的体长（肛长）继续朝小型化发展。夏季，带鱼群体的平均肛长，从 1983 年的 210.46 mm 降至 1998—2000 年的 179.40 mm，又下降了 31.06 mm；小于 210 mm 的小条鱼，从 1983 年的 41.29% 增加至 1998—2000 年的 90.31%。冬季，带鱼群体的平均肛长，从 1983 年的 218.56 mm 降至 1998—2000 年的 197.1 mm，下降了 21.46 mm；小于 210 mm 的小条鱼从 1983 年的 56.0% 增加至 1998—2000 年的 81.11%（表 4-3-3）。

表 4-3-1　1963 年、1964 年与 1978 年 5—8 月带鱼生殖群体组成比较

年份	雌雄	肛长范围（mm）	平均肛长（mm）	优势组（mm）	百分比（%）	样本数
1963	♀	200～510	288.4	230～360	81.3	257
	♂	200～370	260.8	220～300	86.7	265
1964	♀	200～540	267.1	230～310	86.5	178
	♂	200～330	249.9	220～280	85.6	194
1978	♀	160～330	222.2	180～250	85.8	323
	♂	130～280	210.9	170～240	89.3	441

表 4-3-2　冬季嵊山渔场带鱼群体组成历年变化

年份	肛长范围（mm）	优势组		平均肛长（mm）	≥280 mm 百分比（%）	≤230 mm 百分比（%）
		肛长范围（mm）	百分比（%）			
1958	100～360	240～280	67.6	261.7	18.4	7.3
1960	180～410	230～280	87.4	255.4	8.7	3.8
1962	160～300	240～280	73.2	264.3	19.1	2.0
1964	150～420	250～290	62.3	264.9	26.5	9.2
1966	170～350	230～270	68.3	252.5	11.3	12.3
1972	80～410	230～280	67.5	237.7	5.9	26.6
1974	130～320	230～270	74.4	250.4	6.0	10.8
1976	170～340	230～280	74.7	255.8	14.0	11.3
1977	170～320	210～270	76.7	238.8	3.3	39.2

引自：吴家骅，朱德林，1979.

表 4-3-3　历年东海带鱼肛长分布的组成变化

年份	6—9 月				11—12 月			
	≤210 mm（%）	210～280 mm（%）	≥280 mm（%）	平均肛长（mm）	≤210 mm（%）	210～280 mm（%）	≥280 mm（%）	平均肛长（mm）
1983	41.29	52.88	0.83	210.46	56	34.00	10.00	218.56
1987	57.64	35.45	6.91	211.59	71.14	27.21	1.66	190.35
1993—1994	90.01	9.81	0.18	177.30	78.26	21.39	0.37	192.80
1998—2000	90.31	9.6	0.09	179.40	81.11	17.77	1.12	197.10

引自：周永东，徐汉祥，等，2002.

（二）年龄组成

20 世纪 50—60 年代浙江渔场带鱼捕捞群体由 0~6 龄 7 个年龄组组成，已发现的最大

年龄为 7 龄，其中 1 龄组占优势，其次是 2 龄和 0 龄组以及 3 龄以上的高龄鱼。同样，由于过度开发利用的结果，自 70 年代以后，0 龄鱼逐年增加，而 2 龄以上的高龄鱼逐年减少。如 1957 年生殖群体 0 龄鱼占 2.6%，至 1982 年达到 17.5%，1995—1999 年上升至 29.47%。3 龄以上的高龄鱼，1957 年为 5.7%，1982 年下降到 0.5%，1995—1999 年下降到 0.42%（表 4-3-4，表 4-3-5）。同样，冬季越冬群体当龄鱼逐年增加，高龄鱼逐年减少，表明带鱼的群体结构已具有低龄化、小型化的特征。

表 4-3-4　浙江渔场带鱼年龄组成的变化　　　　　　　　单位:%

年份	春夏汛（5—8 月）							冬汛（11 月至翌年 1 月）				
	0 龄	1 龄	2 龄	3 龄	4 龄	5 龄	6 龄	0 龄	1 龄	2 龄	3 龄	4 龄
1957	2.6	75.6	16.1	4.6	0.9	0.1	0.1	14.0	82.4	3.4	0.2	
1962	1.0	67.4	22.6	7.9	1.1			5.7	88.0	5.2	0.2	
1967	3.5	77.0	14.4	4.1	0.8	0.1	0.1	20.3	76.8	2.8	0.1	
1972	7.2	84.5	6.4	1.4	0.3	0.1	0.1	31.0	67.4	1.5	0.1	
1977	8.4	87.0	4.3	0.3				40.3	58.8	0.9		
1982	17.5	78.9	3.1	0.4	0.1			59.3	37.1	3.2		

引自：朱德林，1985.

表 4-3-5　东海群系带鱼年龄组成　　　　　　　　单位:%

年份	夏汛（5—8 月）							冬汛（11 月至翌年 1 月）			
	0 龄	1 龄	2 龄	3 龄	4 龄	5 龄	6 龄	0.5 龄	1.5 龄	2.5 龄	≥3.5
1985—1989	8.94	81.75	8.23	0.81	0.2	0.05	0.02	87.93	10.77	1.21	0.09
1990—1994	12.01	83.79	3.82	0.34	0.04			79.86	18.86	1.25	0.03
1995—1999	29.47	62.40	7.71	0.36	0.06			83.28	14.40	1.83	0.49

引自：周永东，徐汉祥，等，2002.

二、年龄与生长

（一）耳石轮径与肛长的关系

带鱼的年龄通过带鱼耳石进行鉴定，带鱼耳石的年轮一年形成一次，形成时间在 12 月至翌年 4 月。各龄带鱼的平均轮径 R 与带鱼体长 L（肛长）的关系呈直线关系，其关系式为：

$$L=-41.54+77.23R$$

相关系数 $r=0.862$，标准差 $S=0.52$，用该式逆算出各龄带鱼的肛长列于表 4-3-6。

表 4-3-6 带鱼各龄轮径平均值与对应的平均逆算肛长

项目	1 龄	2 龄	3 龄	4 龄	5 龄	6 龄
平均轮径 R（mm）	2.84	4.05	4.87	5.69	6.29	6.55
平均逆算肛长 L（mm）	177.8	271.2	334.6	397.9	444.2	464.3
样本数（n）	750	227	71	17	3	1

引自：吴家骓，1985.

（二）肛长与体重的关系

根据鱼类体长和体重的关系式 $W = aL^b$ 算出浙江渔场带鱼肛长（L）和体重（W）的关系如下：

生殖群体（5—8 月）

$$W = 2.4427 \times 10^{-5} L^{2.9122} \quad r = 0.9746$$

越冬群体（11 月至翌年 1 月）

$$W = 3.8690 \times 10^{-5} L^{2.8361} \quad r = 0.9770$$

（三）年间一般生长规律

带鱼一般的生长规律可用 Von Bertalanffy 生长方程来描述，用带鱼各龄鱼的逆算肛长和海礁渔场生殖鱼群各龄鱼的实测体重，计算求得的各项参数如下：

肛长生长方程参数：$L_\infty = 559.1$ mm，$K = 0.287$，$t_0 = -0.31$

体重生长方程参数：$W_\infty = 2176$ g，$K = 0.274$，$t_0 = -0.87$

带鱼年间生长方程的表达式为：

$$L_t = 559.1 \left[1 - e^{-0.287(t+0.31)} \right]$$

$$W_t = 2176 \left[1 - e^{-0.274(t+0.87)} \right]^{2.9122}$$

相关系数 $r = 0.992$。

带鱼的生长曲线是一条不具拐点，近趋于渐近值的曲线，重量生长曲线是一条具拐点的 S 形曲线，这条曲线的拐点位于 $t = 3.14$ 龄处，$W_{3.14} = 644.9$ g。

（四）阶段生长

根据带鱼各龄的平均体长和平均体重，计算出相对增长率。结果显示：1~2 龄鱼的体长和体重的相对增长率最高，分别为 35.8% 和 150.57%；其次是 2~3 龄鱼，分别为 20.1% 和 73.01%；3 龄以后上述指标明显下降，并随年龄的增加逐渐变小（表4-3-7）。

表 4-3-7 带鱼的阶段生长

年龄	体长		体重	
	平均体长（mm）	相对增长率（%）	平均体重（g）	相对增长率（%）
1	224.2		140.2	
		35.8		150.57
2	304.4		351.3	
		20.1		73.01
3	365.5		607.8	
		12.7		43.12
4	411.9		869.9	
		8.6		27.97
5	447.2		1 113.2	
		6.0		19.11
6	474.0		1 325.9	

三、生殖特性

（一）生殖期

浙江渔场带鱼的性成熟期主要在 5—8 月，4 月和 9 月、10 月也有部分鱼体达到性成熟，一般大中条鱼性成熟的时间较早，结束的时间也较迟。同时，带鱼雄鱼的发育成熟时间略早于雌鱼。带鱼的性成熟系数如图 4-3-1 所示。

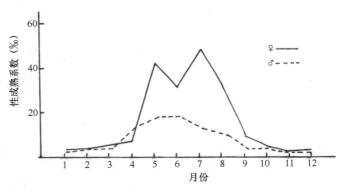

图 4-3-1 浙江渔场带鱼性成熟系数月变化曲线

引自：吴家骅，1984.

（二）产卵场

浙江渔场带鱼生殖鱼群主要分布于机轮拖网禁渔区线附近至向东 60 n mile 的范围内，5 月鱼群分布在 29°00′—30°00′N，123°00′—124°00′E 一带海域，并逐渐向北移动，主要产卵场有两处，一处在海礁渔场，另一处在吕泗、大沙渔场。根据产卵场水温、盐度调

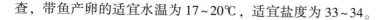

查，带鱼产卵的适宜水温为 17~20℃，适宜盐度为 33~34。

（三）性成熟年龄

带鱼初次达到性成熟的体长和年龄，20 世纪 60 年代雌、雄鱼体长（肛长）都在 200 mm初次达到性成熟，200 mm 以下鱼体性腺都未发育，体长 240 mm 的带鱼性腺发育的也只占 50%，体长 320 mm 以上的鱼体才 100%达到性发育。从带鱼年龄看，1 龄鱼性腺发育成熟的也只占 50%左右，3 龄以上的鱼体才全部达到性发育成熟。自 70 年代以后，初次达到性成熟的带鱼体长和年龄已发生很大变化，如 1978 年带鱼性成熟体长，雌鱼已下降到 160 mm，雄鱼下降到 130 mm，体长 200 mm 以上的带鱼已全部发育成熟，1 龄鱼 90%以上达到性成熟，当龄鱼（0 龄）达到性成熟的，雌鱼占 12.5%，雄鱼占 87.1%（表 4-3-8）。至 90 年代雌鱼最小性成熟肛长进一步缩小到 140 mm。

表 4-3-8　20 世纪 60 年代与 70 年代末带鱼生殖群体不同年龄组性腺已发育的百分比组成

单位：%

年份	雌雄	0 龄	1 龄	2 龄	3 龄	4 龄	5 龄	6 龄
1963	♀	0	58.1	92.5	100	100	100	100
	♂	0	76.5	95.0	100	100		
1964	♀	0	38.3	85.4	100	100	100	
	♂	0	51.4	75.0				
1978	♀	12.5	94.7	100	100			
	♂	87.1	95.5	100				

（四）生殖力

带鱼在一个生殖期内为多次排卵类型，一般可排卵 2~3 次。带鱼的绝对怀卵量依带鱼大小而不同，海礁渔场带鱼的怀卵量为 1.50 万~22.17 万粒，体长 180 mm 的带鱼怀卵量为 1.50 万粒，体长 300 mm 的带鱼为 7.59 万粒，体长 420 mm 的带鱼为 22.17 万粒，怀卵量与体长呈幂函数的增长关系，关系式为：$R = 0.001\ 024\ 5 \times L^{3.176\ 52}$。

四、摄食习性

带鱼是广食性的凶猛鱼类。根据王复振（1964）的研究，浙江渔场带鱼摄食的对象有鱼类、长尾类、头足类、磷虾类、口足类、端足类、糠虾类、毛颚类、水母类、枝角类、异尾类、腹足类、瓣鳃类、桡足类、海胆类、短尾类等 16 类 60 种，其出现频率以鱼类、长尾类、头足类最高，分别达到 33.9%、24.7%、10.8%，其次是磷虾类、口足类和端足类，出现频率在 8% 左右，其他的种类除糠虾类在 2.5%，其余的都在 1% 以下。带鱼的主要饵料生物是七星鱼、幼带鱼和细螯虾，细螯虾在 3 月和 7 月被吃得很多。七星鱼在带鱼越冬洄游前后被吃得很多，带鱼吃带鱼很突出，周年都吃，6 月吃最多，4 月吃较少。

不同体长的带鱼摄食种类不同，体长 200 mm 以下的带鱼以摄食糠虾类、磷虾类为主，体长 200 mm 以上的带鱼以摄食鱼类、长尾类为主。带鱼昼夜都摄食，以白天摄食较强，生殖季节之后和越冬洄游之前摄食较强。

第四节　银　鲳

一、群体组成

20 世纪 60 年代初，浙江近海银鲳的体长范围为 70~490 mm，平均体长为 276 mm，优势组体长为 220~300 mm，占 50.4%。当时群体组成稳定，资源丰富。70 年代中期以后，由于过度捕捞，至 70 年代后期，体长范围缩短了 190 mm，平均体长下降到 199 mm。至 21 世纪初末期，平均体长又下降到 140 mm，比 60 年代初平均体长 276 mm 下降了 49.28%；平均体重只有 81.0 g，比 70 年代后期平均体重 235.3 g 下降了 65.57%（表 4-4-1）。

表 4-4-1　不同年代银鲳体长、体重组成变化

年份	体长（mm）				体重（g）			
	范围	平均	优势组	百分比（%）	范围	平均	优势组	百分比（%）
1960—1961	70~490	276	220~300	50.4				
1975—1983	70~300	199	150~230	76.4	30~800	235.3	100~350	69.9
2008—2009	89~256	140	110~170	92.8	15~457	81.0	50~150	94.2

二、生殖习性

（一）生殖期和产卵场

银鲳的生殖期为 5—6 月，以 5 月为产卵盛期，性成熟系数达到 53.5‰。产卵场在沿岸 10~20 m 水深海域，水色浑浊，透明度较低，产卵场水温为 15.5~23℃，最适水温为 17.0~21.0℃，盐度为 25~31。

（二）生殖力

根据毛锡林等（农牧渔业部水产局，东海区渔业指挥部，1987）报道，东海近海银鲳的绝对生殖力范围为 1.82 万~23.69 万粒，平均为 12.69 万粒。银鲳卵粒发育具有非同步的特点，属于分批排卵类型的鱼类。个体绝对生殖力与体长、纯重的关系，其关系式为：

$$R = 13.37 \times L^{2.931}$$

$$R = 355.4W + 3\ 828$$

其中，R 为绝对生殖力，L 为体长，W 为纯重。

东海近海银鲳个体相对生殖力，除初届性成熟的 1 龄鱼外，一般变动范围不大，为 200~500 粒/mm 和 200~400 粒/g，表现出相对的稳定性。

浙江省海洋水产研究所根据 2008—2009 年调查资料分析，银鲳绝对生殖力范围为 0.399 万~19.62 万粒，平均为 4.77 万粒。相对生殖力为 32~807 粒/mm 和 109~553 粒/g。

（三）性成熟

银鲳开始达到性成熟的年龄，雌、雄鱼都为 1 龄，2 龄鱼全部都为性成熟个体。初届性成熟的体长雌鱼为 120~140 mm，雄鱼为 110~130 mm。初届性成熟的体重（总重）为 40~80 g。

三、年龄与生长

（一）体长与耳石半径的关系

银鲳的体长（L）与耳石半径（R）呈线线相关，其关系表达式为：

$$L = 13.717\ 4R - 114.305\ 8$$

（二）体长与体重的关系

银鲳体长与体重呈幂函数相关，公式为 $W = aL^b$。

按各年龄组的平均体长（L）与平均总重求得的关系式为：

$$W = 3.28 \times 10^{-5} L^{2.994}$$

银鲳体重与体长的指数为 2.994，接近于 3，表明银鲳属均匀生长的鱼类。

（三）一般生长规律

根据 1983 年资料，银鲳体长（L）、总重（W）生长方程表达式为：

$$L_t = 290.5 \left[1 - e^{-0.43(t+0.86)} \right]$$

$$W_t = 856.7 \left[1-e^{-0.43(t+0.86)} \right]^{3.108}$$

根据 2003 年资料，银鲳体长（L）、总重（W）生长方程表达式为：

$$L_t = 268 \left[1-e^{-0.57(t+0.56)} \right]$$

$$W_t = 654 \left[1-e^{-0.57(t+0.56)} \right]^{3.3002}$$

四、摄食习性

根据 2008—2009 年浙江省海洋水产研究所调查分析，银鲳的主要食物类群有桡足类 、鱼类、端足类、长尾类、水母类和幼体，其出现频率以桡足类最高，达到 107.55%；其次是鱼类和磷虾类，分别为 23.90% 和 22.64%；水母类和幼体也占较大比例，分别为 19.5% 和 17.9%。

第五节　鳓　鱼

一、群体组成

1959 年至 1961 年 4—6 月，舟山近海产卵场鳓鱼群体的体长（叉长）分布范围为 250~527 mm，平均体长为 412.10 mm，优势体长组为 370~460 mm；体重范围为 120~1 390 g，平均体重为 737.40 g，优势组体重为 525~1 025 g（表 4-5-1）。当时大条鱼多，群体组成稳定。至 21 世纪初，大条鱼少了，体长 460 mm 以上的大条鱼不见了，平均体长从 20 世纪 60 年代初的 412.10 mm，至 21 世纪初下降到 325.70 mm，降幅为 21%。平均体重从 737.40 g 下降到 315.55 g，降幅为 57.2%，鳓鱼群体组成向小型化发展（图 4-5-1）。

东海近海鳓鱼群体组成也同样向小型化、低龄化发展，如 1978 年鳓鱼体长范围为 190~480 mm，平均体长为 326.4 mm，至 1983 年体长范围为 170~390 mm，平均体长下降至 277.6 mm，比 1978 年下降了 14.95%。从年龄组成看，1978 年鳓鱼年龄范围为 1~9 龄，平均年龄为 2.46 龄，至 1983 年年龄范围只有 1~4 龄，平均年龄降到 1.70 龄，比 1978 年下降 30.89%（表 4-5-2）。2002—2003 年舟山近海鳓鱼生殖群体的年龄组成以 2 龄、3 龄为主，各占 60.28% 和 29.44%；其次是 4 龄和 1 龄，各占 6.54% 和 3.27%；5 龄很少，只占 0.47%；平均年龄为 2.41 龄。

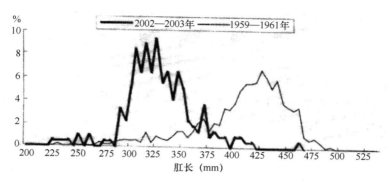

图 4-5-1 舟山近海鳓鱼产卵群体体长（叉长）分布的变化

引自：周永东，见：张秋华，等，2007.

表 4-5-1 舟山近海鳓鱼生殖群体体长与体重组成

年份	体长（mm）			体重（g）			样本数
	范围	优势组	平均值	范围	优势组	平均值	
1959—1961	250～527	370～460	412.10	120～1 390	525～1 025	737.40	1 077
2002—2003	224～459	290～350	325.70	100～868	200～400	315.55	214

表 4-5-2 东海近海鳓鱼年龄与体长组成的变化

年份	体长（mm）		年龄		样本数
	范围	平均体长	范围	平均年龄	
1978	190～480	326.4	1～9	2.46	934
1980	210～410	302.2	1～5	2.00	746
1983	170～390	277.6	1～4	1.70	665

引自：农牧渔业部水产局，东海区渔业指挥部，钱世勤，等，1987.

二、年龄与生长

浙江近海鳓鱼的最高年龄为 9 龄，江苏近海最高可达 13 龄。鳓鱼的耳石是鉴定年龄的材料，鳓鱼叉长（L）与耳石半径（R）呈线性关系，其关系式为：

$$L = 20.346R - 89.559 \qquad 相关系数 \ r = 0.953$$

鳓鱼的叉长（L）与纯重（W）的关系呈指数函数的增长关系，根据舟山近海鳓鱼不同年代的资料，得出其关系式为：

1960 年 6 月资料：$W = 27.88 \times 10^{-6} L^{2.805}$ 相关系数 $r = 0.941$

2002—2003 年资料：$W = 5.3 \times 10^{-6} L^{3.088}$ 相关系数 $r = 0.972$

舟山近海鳓鱼产卵群体的生长方程为：

$$L_t = 525 \left[1 - e^{-0.244(t+1.556)} \right]$$

$$W_t = 1\,331 \left[1 - e^{-0.244(t+1.556)} \right]^{3.088}$$

L_t 为 t 龄时的长度，W_t 为 t 龄时重量。

鳓鱼的拐点年龄为 2.95 龄。

三、生殖习性

（一）生殖期和产卵场

鳓鱼的生殖期在 5—6 月，高峰期在 5 月，性成熟系数达到 91.7‰；其次是 6 月，性成熟系数为 31‰；7 月以后生殖活动基本结束。鳓鱼产卵场分布在沿岸河口水域，透明度和盐度较低，水深不超过 30 m，底质以泥沙或沙泥为主。产卵场水温为 17～23.5℃，一般在小潮汛时集群起浮产卵。

（二）生殖力

鳓鱼性成熟的最小叉长，雌鱼为 280 mm，雄鱼为 268 mm。叉长 280～520 mm 的个体的绝对生殖力为 3.96 万～19.73 万粒，平均为 8.38 万粒。鳓鱼的生殖力（r）随叉长（L）、纯重（W）增大而增大，其关系式为：

$$r = 28.14 \times L^{2.166}$$

$$r = 18\,561 + 106.5W$$

四、摄食习性

鳓鱼的食性很广，共计 15 类 31 种，其出现频率以头足类和长尾类最高，分别达到 24.7% 和 20.3%，其次是鱼类（14.1%）、糠虾类（9.9%）、毛颚类（7.2%）、磷虾类（5.4%）和端足类（4.1%），口足类、枝角类、桡足类、腹足类、水母类也占有一定比例，为 3.3%～1.5%，其余类群出现频率较少。重量组成以长尾类和头足类最高，达到 52.31% 和 21.10%，其次是鱼类（12.23%）、糠虾类（6.80%）和磷虾类（3.12%），其余较少。

第六节　白姑鱼

一、群体组成

据 1979—1983 年舟山-长江口白姑鱼产卵场调查，白姑鱼的体长组成范围为 60～

320 mm，平均体长为 171.0 mm，优势组体长为 110~230 mm，占 75.7%。2000—2002 年东海白姑鱼群体优势组已缩小至 90~150 mm，平均体长只有 130 mm，比 1983 年 160 mm 缩小 30 mm。2008—2009 年东海白姑鱼调查结果，群体优势组为 40~150 mm，小条鱼增多了，平均体长为 94.2 mm，比 2000—2002 年又缩短 35.8 mm，平均体重 35.1 g，比 2000—2002 年 61 g 缩小 25.9 g。白姑鱼群体组成已向小型化发展。

二、年龄与生长

白姑鱼以耳石作为年龄鉴定材料，耳石年轮一年形成一次，形成期为 3—7 月，主要在 4—5 月。白姑鱼最高年龄为 9~10 龄，20 世纪 70 年代末 80 年代初舟山-长江口渔场白姑鱼群体优势年龄组为 1~2 龄（秦忆芹等，农牧渔业部水产局，东海区渔业指挥部，1987）。

浙江渔场白姑鱼体长与体重呈幂函数增长关系，其表达式为：

$$W = 2.450 \times 10^{-5} L^{2.974}$$

根据 1983—1984 年浙江渔场 450 尾白姑鱼年龄观测数据，用 Von Bertalanffy 生长方程拟合，建立体长、体重一般生长方程，其表达式为：

$$L_t = 282.6 \left[1 - e^{-0.458\,2(t+0.037\,9)} \right]$$

$$W_t = 477.5 \left[1 - e^{-0.458\,2(t+0.037\,9)} \right]^{2.974}$$

白姑鱼的拐点年龄为 2.3 龄，即 2.3 龄前为增速生长，之后为减速生长。

三、生殖习性

（一）生殖期和产卵场

浙江渔场白姑鱼的生殖期为 5—9 月，盛期 7—8 月，产卵场分布在浙江近海 40~60 m 水深海域，产卵最适水温为 20℃左右。

（二）性成熟

20 世纪 80 年代白姑鱼初届性成熟最小体长为 111 mm，最小体重 30 g。1 龄鱼中雌鱼 25% 达到性成熟，雄鱼 40% 以上达到性成熟；2 龄鱼大部分个体可达性成熟；3 龄鱼全部个体达到性成熟。

（三）生殖力

白姑鱼的绝对怀卵量为 5 万~65 万粒。排卵方式随年龄不同而有所区别，1 龄鱼为一次性排卵，2 龄以上为多次排卵。排卵量随年龄增长而增加，2 龄鱼为 2 万粒，3 龄鱼 12 万粒，4 龄鱼为 18 万粒。白姑鱼产浮性卵，球形，卵径 0.85~0.92 mm，在水温 20.4℃时受精卵 33 h 孵化。

四、摄食习性

白姑鱼为杂食性鱼类，其食性十分广泛，据 2008—2009 年浙江省海洋水产研究所调查分析，食物类群有 14 大类 88 种，其出现频率以长尾类和鱼类最高，达到 76.42%和 49.59%；其次是磷虾类、糠虾类和桡足类，分别为 26.02%、13.82%和 13.41%；口足类、短尾类、头足类、等足类和幼体也占有一定比例，为 9.76%~4.07%；其他类群较少。从重量组成看，以鱼类和长尾类最高，分别达到 45.27%和 35.20%；其次是头足类、口足类和短尾类，分别达到 6.58%、5.51%和 3.17%。

第七节 海 鳗

一、群体组成

根据 20 世纪 60 年代初和 70 年代末浙江近海渔场的调查资料，海鳗体长（肛长）分布范围分别为 110~940 mm 和 160~860 mm，250 mm 以下的小条鳗较少，只占 11.2%和 15.2%，400 mm 以上的大条鳗较多，占 21.9%和 18.0%，250~400 mm 的中条鳗都接近 67%。当时群体组成比较稳定。至 21 世纪初以后，海鳗的群体组成发生较大变化，据 2002—2003 年浙江省海洋水产研究所资源室的测定数据，250 mm 以下的小条鳗比例上升到 49.1%，而 400 mm 以上的大条鳗下降到 4.2%，海鳗群体组成已出现小型化趋势（表 4-7-1）。

表 4-7-1 不同年代海鳗体长（肛长）的变化　　　　　　　　　　　　单位：%

年份	体长范围（mm）	250 mm 以下	250~400 mm	400 mm 以上
1960—1961	110~940	11.2	66.9	21.9
1977—1980	160~860	15.2	66.8	18.0
2002—2003	73~950	49.1	46.8	4.2

引自：张秋华，等，2007.

二、年龄与生长

海鳗的耳石和脊椎骨都可用作年龄鉴定材料，海鳗的年龄序列较长，最高年龄可达 16 龄，年轮一年形成一次，主要出现在 5 月。

根据 2002—2003 年资料，海鳗体长与体重的关系符合指数增长关系，其关系式为：

体长与总重的关系：$W = 6.420 \times 10^{-5} L^{2.8179}$　　$r = 0.9541$

体长与纯重的关系：$W = 6.306 \times 10^{-5} L^{2.8020}$　　$r = 0.9379$

海鳗体长（L）与耳石半径（D）的关系式为：

$$L = 126.81D - 148.58 \qquad r = 0.953$$

根据逆算体长拟合的 Von Bertalanffy 生长方程为：

$$L_t = 936 \left[1 - e^{-0.2(t-0.1)} \right]$$

$$W_t = 15\,146 \left[1 - e^{-0.2(t-0.1)} \right]^{2.8179}$$

海鳗的拐点年龄为 5.6 龄。

根据海鳗各年龄组的逆算体长，计算出海鳗的阶段生长，其相对增长率以 1 龄到 2 龄最高，达到 83.49%，其次是 2~3 龄和 3~4 龄，相对增长率分别为 38.99% 和 25.34%，5 龄以后相对增长率较低，并随年龄增大逐年下降（表 4-7-2）。

表 4-7-2　海鳗各年龄组的体长（肛长）和相对增长率

项目	1	2	3	4	5	6	7	8
逆算体长（mm）	161.47	296.29	411.82	516.17	592.47	660.98	713.73	742.51
增长量（mm）		134.82	115.53	104.35	76.3	68.51	52.75	28.78
相对增长率（%）		83.49	38.99	25.34	14.78	11.56	7.98	4.03

三、生殖习性

（一）产卵期

海鳗的产卵期比较长，自 12 月至翌年 7 月都有性成熟个体出现，产卵期主要在 3—6 月，高峰期为 4—5 月。4—5 月性成熟系数雌性为 62‰，雄性为 58‰，5 月雌鱼性成熟系数最高，达到 94.78‰。

（二）绝对生殖力

据 2002—2003 年的测定数据，海鳗的绝对怀卵量为 5 万~384.74 万粒，平均为 32 万粒，卵径为 0.47 ~ 1.20 mm，与 1978—1980 年的 18.00 万 ~ 120.00 万粒、卵径 1.50 ~ 2.20 mm 相比，绝对怀卵量是增加了，但卵径缩小了。从初次性成熟的最小体长（肛长）看，2002—2003 年雌鱼初次性成熟的最小体长为 230 mm，雄鱼为 162 mm。而 1978—1980 年雌鱼为 300 mm，雄鱼为 210 mm，分别缩小了 70 mm 和 48 mm。

（三）产卵场和产卵环境

海鳗的产卵场比较广，几乎遍布浙江近海，产卵场为砂质或软泥质，近底层水温为 14 ~ 21℃，盐度为 29.5 ~ 34。

四、摄食习性

2008—2009 年浙江省海洋水产研究所对海鳗的食性进行研究，海鳗凶猛、贪食，海鳗周年都进行摄食，其胃饱满系数年平均达到 40.32‰ ~ 45.82‰。摄食的对象有 8 大类群 88 种，包括鱼类（49 种）、短尾类（16 种）、长尾类（8 种）、头足类（7 种）、口足类（5 种）、腹足类（1 种）、幼体（1 种）等。出现频率以鱼类最多，达到 55.68%；其次是短尾类，占 18.18%；长尾类、头足类和口足类，占 5.7% ~ 9.1%；其他类群较少。20 世纪 60 年代初海鳗的食物组成出现频率最高为鱼类、短尾类，分别占 34.4% 和 39.8%；其次是头足类，占 9.6%；其他各类群较少。这与 2008—2009 年的调查结果基本相似。

第八节　蓝点马鲛

一、群体组成

根据历史资料，东黄海蓝点马鲛的群体组成，20 世纪 60 年代的优势体长（叉长）组为 501 ~ 600 mm，平均体长为 572.2 mm，平均总重为 1 412.7 g。70 年代优势体长组缩小为 501 ~ 550 mm，平均体长为 528.8 mm，平均总重为 1 066.7 g，与 60 年代相比，平均体长减少 43.4 mm，平均总重减少 346 g（表 4-8-1）。据 2008—2009 年东海资源调查，周年蓝点马鲛体长范围为 201 ~ 698 mm，平均体长为 440.1 mm，优势组为 400 ~ 500 mm，占 58.5%；体重范围为 112 ~ 2 546 g，平均体重为 706.4 g，优势组为 400 ~ 800 g，占 56.2%。与 70 年代相比，平均体长下降了 16.8%，平均体重下降了 33.8%。蓝点马鲛群体已趋向小型化。

表 4-8-1　不同年代蓝点马鲛群体组成的变化

年代	优势体长组（mm）	平均体长（mm）	平均总重（g）
20 世纪 60 年代	501~600	572.2	1 412.7
20 世纪 70 年代	501~550	528.8	1 066.7
21 世纪初	400~500	440.1	706.4

二、年龄与生长

根据马鲛鱼耳石年轮窄带的数目来确定年龄，年轮形成时间为每年 6—7 月。据 1981—1983 年春汛资料，蓝点马鲛由 1~4 龄组成，以 1 龄、2 龄鱼占优势，3 龄仅占 10% 左右，4 龄鱼数量极少，以往曾发现 6 龄的雄鱼。根据 2008—2009 年东海蓝点马鲛的生物学测定资料，蓝点马鲛体长与体重呈幂函数增长关系，其表达式为：

$$W = 1.377 \times 10^{-5} L^{2.907\,3} \qquad r = 0.970\,6$$

三、生殖习性

（一）性成熟

蓝点马鲛的性成熟特性，雌、雄个体有较大差异，雄性早于雌性，雄鱼一般 1 龄鱼大部分达到性成熟，约占 97.5%，2 龄鱼全部达到性成熟；雌鱼 1 龄鱼只有少部分达到性成熟，约占 10.5%，2 龄鱼大部分达到性成熟，约占 96.1%，3 龄鱼全部达到性成熟。

马鲛鱼初届达到性成熟的体长、总重，20 世纪 80 年代以前，雄鱼为 350 mm、500 g，雌鱼为 420 mm、680 g 左右，全部达到性成熟时马鲛鱼的体长和总重，雄鱼为 450 mm 和 750 g，雌鱼为 500 mm 和 1 100 g 左右。2008—2009 年调查显示，蓝点马鲛初届性成熟体长和体重都已减小，雌鱼为 320 mm 和 376 g，雄鱼为 328 mm 和 268 g。

（二）怀卵量

蓝点马鲛个体的绝对怀卵量为 28 万~120 万粒，怀卵量随年龄增大而逐渐增多，初次产卵的 2 龄鱼，怀卵量为 28 万~34 万粒，重复产卵的 3~4 龄鱼，怀卵量为 48 万~110 万粒。

（三）产卵期和产卵场

浙江近海蓝点马鲛的产卵期为 4—6 月，以 5 月为产卵盛期。产卵场在浙江沿岸浅水海区，产卵场位置与大黄鱼、鳓鱼、鲳鱼产卵场大致相同。产卵时的适温范围为 13~20℃，最适温度为 14~16℃，适盐范围为 28~31 之间。

四、摄食习性

蓝点马鲛是肉食性的凶猛鱼类，其食物类群主要为鱼类、头足类、长尾类、口足类、磷虾类、端足类和幼体等，共计 49 种。其出现频率，以鱼类最高，达到 59.01%；其次是头足类，为 20.35%；樱虾和长尾类也占有较高的比例，为 9.74% 和 5.13%。食物的重量组成以鱼类和头足类最高，分别达到 55.17% 和 41.52%。

第九节　绿鳍马面鲀

一、群体组成

（一）体长组成

绿鳍马面鲀在开发前 10 年，即 1974—1983 年，其群体体长组成比较稳定，体长分布范围为 70~330 mm，平均体长 191.8 mm，优势组体长为 150~230 mm，占 63.5%。自 1984 年以后 10 年，马面鲀的体长组成逐年下降，1984—1993 年平均体长为 156.1 mm，比 1974—1983 年的 191.8 mm 下降了 35.7 mm，至 1995 年平均体长下降至 116.2 mm，比 1984—1993 年又下降了 39.9 mm。

（二）年龄组成

绿鳍马面鲀的年龄组成为 1~10 龄，浙江渔场绿鳍马面鲀的群体组成以 1~7 龄为主，7 龄以上的鱼很少，1984 年 4 月在钓鱼岛海域曾捕到 14 龄的雄鱼，体长 375 mm，体重 850 g，是迄今发现的最大年龄的绿鳍马面鲀。绿鳍马面鲀在开发前 10 年，其群体的年龄组成也比较稳定，1974—1983 年绿鳍马面鲀的年龄分布有 7 个年龄组，高龄鱼比较多，4 龄鱼的比例比较高，占 11%~22%，5 龄以上也占有一定比例，平均年龄为 2.86 龄。自 1984 年以后 10 年，马面鲀的年龄组成逐年下降，1984—1993 年平均年龄为 1.92 龄，比 1974—1983 年的 2.86 龄下降了 0.94 龄，至 1995 年平均年龄下降至 1.16 龄，比后 10 年又下降了 0.78 龄，群体以 1 龄鱼为主，占 86.57%（表 4-9-1）。

从上述群体组成特征显示，绿鳍马面鲀经过 20 年的开发，高龄鱼没有了，年龄降低、体长变小，资源已经衰退。

表 4-9-1　绿鳍马面鲀的年龄组成

年份	年龄组成（%）							平均年龄	平均体长（mm）	样本数
	1 龄	2 龄	3 龄	4 龄	5 龄	6 龄	7 龄			
1975	2.46	24.19	55.24	13.89	2.90	0.85	0.38	2.95	202.2	4 477
1977	4.54	50.85	32.42	10.29	1.49	0.28	0.13	2.55	185.5	6 364
1979	7.36	50.83	28.85	8.27	2.93	1.06	0.71	2.55	180.2	7 646
1981	4.31	44.55	36.21	10.54	2.75	0.76	0.64	2.68	195.3	2 505
1983	5.84	24.31	34.50	22.29	7.37	2.45	3.24	3.21	199.4	3 270
1985	72.35	18.50	6.26	1.69	0.63	0.29	0.24	1.42	135.3	2 077
1987	19.99	60.12	15.74	2.25	1.21	0.45	0.24	2.07	164.5	2 891
1989	1.59	62.55	28.07	6.11	1.30	0.37	0	2.23	166.9	5 681
1991	3.83	30.96	22.65	4.14	2.34	0.62	0.42	2.23	180.5	2 010
1993	12.47	72.92	12.81	0.69	0.55	0.35	0.21	2.19	164.0	1 444
1994	92.59	7.41						1.10	123.6	378
1995	86.57	13.43						1.16	116.2	67
1996	86.00	14.00						1.14	125.6	100

引自：钱世勤，郑元甲，1997.

二、年龄与生长

（一）年龄轮径与体长的关系

绿鳍马面鲀采用第一节脊椎骨作为年龄鉴定的材料，其年轮一年形成一次，主要出现在 4—6 月，年轮半径与体长之间呈线性关系，其关系式为：

$$L = 49.590 + 7.046R \quad r = 0.938$$

其中，L 为体长，R 为轮径，r 为相关系数。

（二）体长与体重关系

绿鳍马面鲀的体长和体重呈幂函数关系，其关系式为：

$$W = 7.399 \times 10^{-6} L^{3.1748}$$

其中，W 为体重，L 为体长。

（三）年间生长规律

绿鳍马面鲀一般的生长规律可用 Von Bertalanffy 生长方程来描述，其表达式为：

体长生长方程：$L_t = 326.7 \left[1 - e^{-0.207\,6(t-1.094\,9)} \right]$

体重生长方程：$W_t = 708.9 \left[1 - e^{-0.207\,6(t-1.094\,9)} \right]^{3.174\,6}$

（四）阶段生长

根据马面鲀各龄鱼的平均体长和平均体重，计算出相对增长量和相对增长率，结果显示：体长相对增长量和相对增长率以 1~2 龄鱼最大，分别达到 40.4 mm 和 33.81%；其次是 2~3 龄鱼，相对增长量和相对增长率为 34.9 mm 和 21.83%；3 龄以后就逐龄下降。体重相对增长量和相对增长率以 2~3 龄鱼最大，达到 66.0 g 和 93.09%；其次是 3~4 龄，为 53.9 和 39.37%；以后相对增长量和相对增长率都有不同程度下降（表 4-9-2）。

表 4-9-2　绿鳍马面鲀的阶段生长

年龄	体长（mm）			体重（g）		
	平均体长	相对增长量	增长率（%）	平均体重	相对增长量	增长率（%）
1	119.5			44.5		
		40.4	33.81		26.4	59.33
2	159.9			70.9		
		34.9	21.83		66.0	93.09
3	194.8			136.9		
		20.4	10.47		53.9	39.37
4	215.2			190.8		
		14.0	6.51		40.5	21.23
5	229.2			231.3		
		16.7	7.29		52.2	22.57
6	245.9			283.5		

三、生殖习性

（一）产卵场和产卵期

绿鳍马面鲀的产卵场分布在浙江中南部外海，即在 25°30′—30°00′N，80~120 m 水深海域，中心产卵场为 25°45′—27°00′N，122°15′—124°00′E，100 m 水深附近海域，该海域底层水温 17~19℃，底层盐度 34.5~34.7，底质为砂、贝壳、贝砾、珊瑚、海藻等。绿鳍马面鲀 3 月开始产卵至 6 月结束，主要产卵期在 4—5 月。

（二）生殖力

绿鳍马面鲀性成熟的最小个体体长为 107 mm，体重 20 g，一般 1 龄就达到性成熟产卵，其绝对生殖力（排卵量）随个体大小而不同，从 5.49 万粒至 32.87 万粒不等，一般为 6 万~10 万粒。绝对生殖力（R）与体长（L）、体重（W）呈曲线增长关系，其关系式为：

绝对生殖力与体长的关系：$R = 1.86 \times L^{2.09}$　相关系数 $r = 0.82$

绝对生殖力与体重的关系：$R = 2\,519.27 \times W^{0.84}$　相关系数 $r = 0.81$

（三）排卵类型

绿鳍马面鲀在一个生殖期内排卵 2~3 次，属多次排卵类型。

四、摄食习性

根据秦忆芹（1981）的研究，绿鳍马面鲀属杂食性鱼类，其食物组成有桡足类、糠虾类、等足类、端足类、磷虾类、十足类、介形类、毛颚类、腔肠动物、软体动物以及鱼卵等。从饵料生物的出现频率看，以浮游动物最高，占 65.6%；其次是底栖生物，占 29.6%；自泳生物占 1.1%；其他占 3.8%。绿鳍马面鲀是以摄食浮游甲壳类为主，兼吞食软体动物和啄食珊瑚类的杂食性鱼类。

第十节　鲐鱼

一、群体组成

分布在浙江渔场的鲐鱼，主要来自浙江南部和钓鱼岛以北 100 m 水深以深的越冬群系。这一群系的鲐鱼，春季随着水温上升，台湾暖流北上，进入浙江海域产卵、繁殖、索饵、肥育，形成若干个群体。根据其分布和生理特性不同，有 4—6 月出现的生殖群体，6—7 月出现的幼鱼群体，8—11 月出现的当龄索饵群体和 6—10 月出现的越年鱼索饵群体，各群体的组成特征如下。

（一）当龄鱼群体

当龄鱼系指当年出生、成长的鲐鱼，根据年龄鉴定，其体长在 240 mm 以下，根据其个体大小、出现季节及栖息海域不同，又可分为幼鱼群体和当龄索饵群体。

幼鱼群体：6—7 月出现，密集分布于浙江沿岸及岛屿周围水域。群体的优势体长为 115~180 mm，平均体长为 145.9 mm；优势体重为 10~60 g，平均体重为 33.7 g。

索饵群体：出现于 8—11 月，该群体是幼鱼长大后，向外侧海区移动索饵，成为捕捞对象。主要分布于 40~60 m 水深海域。其群体优势体长为 165~220 mm，平均体长为 189.8 mm；优势体重为 50~130 g，平均体重为 86.5 g（图 4-10-1）。

（二）越龄鱼群体

越龄鱼是指 1 龄以上的大条鲐鱼，体长一般在 240 mm 以上。根据其分布海域、出现季节和生理特性不同，可分为生殖群体和索饵群体。

生殖群体：主要出现于 4—6 月，中心分布区在浙江中南部近海。其群体优势体长为 305～360 mm，平均体长为 331.3 mm，优势体重为 325～625 g，平均体重为 491.8 g。

索饵群体：指产过卵或未产卵的大条鲐鱼，主要分布于渔山列岛以东，韭山、洋安以东一带海域，自 6 月至 10 月都有出现，是北上洄游的群体。其群体优势体长为 250～305 mm，平均体长为 278.2 mm；优势体重为 220～390 g，平均体重为 316 g（表 4-10-1）。

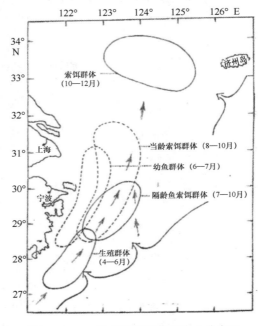

图 4-10-1　鲐鱼不同群体的中心分布区

表 4-10-1　鲐鱼不同群体的体长、体重组成

群体类型		出现月份	体长（mm）			体重（g）			样本数
			优势组	百分比（%）	平均值	优势组	百分比（%）	平均值	
当龄	幼鱼群体	6—7	115～180	86.8	145.9	10～60	87.0	33.7	1 140
	索饵群体	8—11	165～220	84.1	189.8	50～130	88.3	86.5	2 626
越龄	索饵群体	7—8	250～305	87.9	278.2	220～390	86.5	316.0	248
	生殖群体	4—6	305～360	93.9	331.3	325～625	88.8	491.8	1 249

二、年龄与生长

浙江渔场鲐鱼年龄组成，春汛生殖群体由 2~5 龄组成，以 2~3 龄占优势；夏秋汛优势组有 2 个，0 龄组占 65%，2~3 龄占 25%；秋汛 0 龄组占绝对优势，在 80% 以上。鲐鱼生长迅速，春季出生的鲐鱼，秋季就达到捕捞规格，以 6—8 月生长速度最快，6—7 月其体长、体重相对增长率分别为 13.1% 和 73.2%，7—8 月体长、体重相对增长率分别为 18.3% 和 72.8%，9 月以后，其相对增长率就逐月下降（表 4-10-2）。

表 4-10-2　当龄鲐鱼不同月份增长率的变化

月份	体长		体重		样本数
	平均体长（mm）	相对增长率（%）	平均体重（g）	相对增长率（%）	
6	135.15		24.95		444
7	152.84	13.09	43.20	73.15	693
8	180.74	18.25	75.93	72.84	698
9	190.88	9.61	84.93	11.92	1 228
10	196.36	2.87	94.34	11.14	400
11	198.10	0.87	106.95	13.37	300

浙江近海秋汛鲐鱼索饵群体体长（L）与体重（W）的关系符合指数函数增长关系，其表达式为：

春汛：$W = 1.993 \times 10^{-5} L^{2.919}$　　相关系数 $r = 0.998$

秋汛：$W = 1.862 \times 10^{-6} L^{3.342}$　　相关系数 $r = 0.998$

三、生殖习性

（一）性成熟年龄

浙江渔场鲐鱼性成熟年龄一般为 2 龄，性成熟体长为 250 mm，少数个体在 1 周龄后，即可达性成熟，性成熟的最小体长为 220~230 mm。

（二）个体怀卵量

据王为祥报道，东海南部鲐鱼的怀卵量为 5.3 万~35.5 万粒，黄海鲐鱼的个体怀卵量为 20 万~110 万粒，平均为 70 万粒。

（三）排卵类型

鲐鱼在一个产卵期中多次排卵。1958 年日本学者江波根据临产鲐鱼成熟卵数量推定，鲐鱼每次排卵量与体长呈指数函数关系，体长 300 mm 的鲐鱼每次排卵 2 万~4 万粒，体长 400 mm 的鲐鱼，每次排卵 5 万~11 万粒。

（四）产卵期和产卵场

浙江渔场鲐鱼产卵高峰期主要在 4—5 月，性腺成熟度达 4~5 期的占 60%~70%。产卵场在温台近海水深 20~100 m，一般水温 15~21℃，盐度 29~34.5。最先进入产卵场的鲐鱼个体都比较大，4 月的平均体长比 5 月的大 2.8 mm，体重大 40.8 g。

四、摄食习性

鲐鱼是浮游生物食性兼营捕食性的鱼类，其食物种类十分广泛，饵料包括 24 个类群中 50 余种。东海群系鲐鱼的食物组成有 30 余种，桡足类、磷虾、莹虾、端足类、箭虫和虾蛄幼体都有出现，优势种类为浮游甲壳动物和毛颚动物，其基础饵料种以太平洋磷虾为主，其次是鳀鱼等小型鱼类和桡足类、端足类等。鲐鱼在产卵季节减少或停止摄食，产卵后 7—10 月摄食强烈，摄食等级以 2、3 级占优势，11 月至翌年 2 月，摄食等级以 1、2 级为主。

第十一节　蓝圆鲹

一、群体组成

浙江近海是蓝圆鲹的繁殖场、索饵场、幼鱼的肥育场，分布着多个蓝圆鲹群体，各群体的组成特征如下。

（一）当龄鱼群体

当龄鱼是指当年出生、成长的蓝圆鲹，根据年龄鉴定，其体长在 180 mm 以下，根据其个体大小、出现季节及栖息海域不同，又可分为幼鱼群体和当龄索饵群体。

幼鱼群体：6—7 月出现，密集分布于浙江沿岸及岛屿周围水域。群体的优势体长为 50~110 mm，平均体长为 78.9 mm；优势体重为 1~20 g，平均体重为 8.2 g。

索饵群体：出现于 8—10 月，该群体是幼鱼长大后，向外侧海区移动索饵，成为捕捞对象。主要分布于 40~60 m 水深海域。其群体优势体长为 105~175 mm，平均体长为 145.2 mm；优势体重为 25~80 g，平均体重为 48.5 g。

（二）越龄鱼群体

越龄鱼是指 1 龄以上的大条蓝圆鲹，体长一般为 180 mm 以上。根据其分布海域、出现季节和生理特性不同，可分为生殖群体和索饵群体。

生殖群体：主要出现于 4—6 月，中心分布区在浙江中南部近海。其群体优势体长为 200~260 mm，平均体长为 234.5 mm；优势体重为 80~300 g，平均体重为 206 g。

索饵群体：指产过卵或未产卵的大条鱼，主要分布于渔山列岛以东，韭山、洋安以东一带海域，自 6 月至 10 月都有出现，是北上洄游的群体。其群体优势体长为 195~260 mm，平均体长为 230.7 mm；优势体重为 105~270 g，平均体重为 187.7g（表4-11-1）。

表4-11-1　蓝圆鲹不同群体的体长、体重组成

群体类型		出现月份	体长（mm）			体重（g）			样本数
			优势组	百分比（%）	平均值	优势组	百分比（%）	平均值	
当龄	幼鱼群体	6—7	50~110	91.1	78.9	1~20	95.5	8.2	1 482
	索饵群体	8—10	105~175	92.7	145.2	25~80	87.5	48.5	1 042
越龄	索饵群体	7—10	195~260	92.1	230.7	105~270	93.1	187.7	748
	生殖群体	4—6	200~260	88.8	234.5	80~300	95.4	206.0	372

二、年龄与生长

（一）轮径与体长的关系

蓝圆鲹的鳞片和耳石都可用作年龄鉴定材料，据朱德林等（1984）的研究，蓝圆鲹年轮一年形成一次，年轮大都出现在 5—6 月，轮径（R）与体长（L）呈线性关系，其关系式为：

$$L = 1.259R - 2.691 \quad 相关系数 \ r = 0.999$$

蓝圆鲹群体的年龄组成为 0~5 龄，春季生殖鱼群以 1 龄为主。

（二）体长与体重的关系

蓝圆鲹体长（L）与体重（W）之间呈幂函数增长关系，其关系式为：

$$W = 1.652 \times 10^{-5} L^{2.947} \quad 相关系数 \ r = 0.999$$

（三）年内生长

春季出生的蓝圆鲹幼鱼，6 月其优势体长和优势体重就达到 45～100 mm 和 1～15 g，根据各月的平均体长和平均体重算出其相对增长率（表 4-11-2），其生长速度以 7—8 月最快，体长相对增长率为 45.67%，体重相对增长率为 185.36%；其次是 6—7 月和 8—9 月，其体长相对增长率分别为 17.78% 和 17.97%，体重相对增长率为 64.67% 和 60.85%；9 月以后，其相对增长率就逐月下降。

表 4-11-2　当龄蓝圆鲹不同月份增长率的变化

月份	体长		体重		样本数
	平均体长（mm）	相对增长率（%）	平均体重（g）	相对增长率（%）	
6	73.83		6.68		908
7	88.96	17.78	11.00	64.67	574
8	126.70	45.67	31.39	185.36	323
9	149.47	17.97	50.49	60.85	569
10	168.80	12.93	72.23	43.07	150

（四）年间生长规律

蓝圆鲹年间生长一般规律可用 Von Bertalanffy 生长方程表达，其表达式如下：

$$L_t = 361 \left[1-e^{-0.276(t-1.846)} \right]$$

$$W_t = 570 \left[1-e^{-0.282(t-1.846)} \right]^{2.947}$$

（五）阶段生长

根据蓝圆鲹各龄鱼的平均体长和平均体重，计算出相对增长率，1～2 龄鱼的体长和体重的相对增长率最高，分别为 19.89% 和 69.66%；其次是 2～3 龄鱼，分别为 13.19% 和 44.11%；3 龄以后上述指标明显下降，并随年龄的增加逐渐变小（表 4-11-3）。

表 4-11-3　蓝圆鲹的阶段生长

年龄	体长		体重	
	平均体长（mm）	相对增长率（%）	平均体重（g）	相对增长率（%）
1	196		94.6	
2	235	19.89	160.5	69.66
3	266	13.19	231.3	44.11
4	290	9.02	298.3	29.97
5	305	5.17	354.5	18.84

三、生殖习性

蓝圆鲹的性成熟期主要出现在5—6月。5月性腺开始发育，性成熟度为3期的个体占20%，接近产卵的4期的个体占69.%，达到产卵的5期个体占10%；6月接近产卵和达到产卵的4期、5期的个体分别为52.9%、8.6%，已产过卵的占21.4%。

蓝圆鲹的产卵场主要分布在浙江南部近海。产卵场表层水温为18.40~24.51℃，底层水温为17.16~20.48℃；表层盐度为31.72~34.84，底层盐度为34.36~34.84。

四、摄食习性

蓝圆鲹属浮游生物食性兼营捕食性鱼类，食谱十分广泛，据周婉霞（1985）研究，已查明的有多毛类、甲壳类、腹足类、头足类、毛颚类和鱼类六大生物类群72种。主要食物为浮游甲壳类和鱼类，其次是毛颚类、头足类、多毛类和腹足类。不同生活阶段，食物种类不同，当龄鱼以桡足类和十足类等浮游甲壳动物为主食，其次是七星鱼等小型鱼类，毛颚类、多毛类等居第三。成鱼的食物组成比重最大的是鱼类，重量百分比占61.35%，出现频率为36.99%，主要种类是七星鱼、鳀鱼、小公鱼等；其次是十足类和磷虾类等大型浮游甲壳动物，重量比分别为16.43%和13.20%，出现频率为29.87%和5.71%，主要种类为尖尾细螯虾、中国毛虾、日本毛虾、短尾类的大眼幼体和磷虾类等。

第十二节　石斑鱼

石斑鱼（*Ephinephelus*）是名贵的海产经济鱼类，属鲈形目鮨科，广泛分布于印度洋、太平洋的暖水性种，浙江渔场主要有青石斑鱼（*E. awoara*）和赤点石斑鱼（*E. akaara*）。石斑鱼属定居性鱼类，不作长距离洄游，常栖息于岛礁附近的岩礁和珊瑚丛中，或栖息在石砾海区的洞穴中。浙江沿海岛礁附近都有石斑鱼分布，是钓业的主要捕捞对象，浙江省一般年产量为几百吨，高的年份为1 000 t左右，是出口创汇的重要水产品。

一、生殖习性

（一）性成熟与性转变

石斑鱼是雌雄同体，雌性先成熟的性转变鱼类。在生殖腺发育过程中，卵巢部分先发育成熟，先为雌性鱼，继而是卵巢与精巢共存的雌雄同体鱼，最后精巢继续发育，卵巢萎缩而转变为雄性鱼，即所谓"性转变"。浙江沿海石斑鱼初届达到性成熟的全为雌鱼，初届成熟年龄为 2 龄，体长为 210~240 mm。体长达到 250~340 mm 时雌鱼占总个体数的 77%~94%，雄鱼占 6%~23%，体长 350 mm 时雄鱼占 50%，体长 370 mm 时雄鱼占 85%，体长在 420 mm 以上几乎全是雄鱼（图 4-12-1）（湛彦，等，1984）。石斑鱼的雌雄性比约为 2：1，雌鱼多于雄鱼，而个体则雄鱼大于雌鱼。

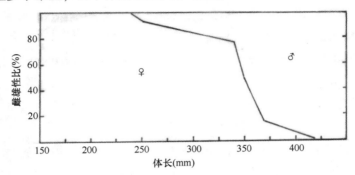

图 4-12-1　石斑鱼不同体长的雌雄性比

引自：湛彦，等，1984.

（二）生殖期

石斑鱼的性成熟期为一年一次，生殖季节在春夏季，浙江南部海区略早于北部海区，南部海区石斑鱼的生殖期为 5 月下旬至 7 月上旬，而浙江北部海区为 6—8 月。石斑鱼产卵与海水温度关系密切，一般在水温升至 20℃时开始产卵，水温达到 23~24℃时为产卵高峰，水温升至 27~28℃时产卵基本结束。

（三）生殖力

石斑鱼在一个生殖期内能多次排卵，其绝对怀卵量随个体大小而不同，体长 187~352 mm 的青石斑鱼，其绝对怀卵量为 5 万~50 万粒不等，一般为 15 万~20 万粒（郁尧山，等，1987）。体长 195~300 mm 的赤点石斑鱼怀卵量为 7.5 万~53 万粒，平均为 22 万粒（曾文扬，1982）。

二、年龄和生长

青石斑鱼的生长，从 1 龄到 3 龄生长较快，1~2 龄鱼的体长相对增长率为 22.5%，体重相对增长率为 72.7%；2~3 龄鱼的体长相对增长率为 20.4%，体重相对增长率为 79.5%；3 龄以后生长趋于缓慢（表 4-12-1）。

三、摄食习性

（一）食物组成

石斑鱼属典型的肉食性鱼类，从开口仔鱼到成鱼终生以动物性食料为食。石斑鱼也是凶猛捕食性鱼类，常以突然袭击方式进行捕食。浙江渔场青石斑鱼的食谱很广，有腔肠动物、甲壳动物、软体动物、鱼类四大类群26种（属），其中以甲壳类为主，其次是鱼类和乌贼。按食物重量分，蟹类最高，占53%；其次是乌贼，占21.2%；虾类和鱼类各占10.2%和7.0%；水螅、珊瑚虫、藤壶、螺、蛤等均在0.5%以下。从食物出现频率看，虾类和蟹类最高，分别占59.8%和58.9%，鱼类不超过15%，乌贼不超过5.0%（周婉霞等，1983），可见石斑鱼的食谱中喜食虾蟹类。石斑鱼自残现象也很突出，在人工培育苗种中，大个体鱼苗常吞食小个体鱼苗，在海区网箱饲养的成鱼中也有大鱼吞食小鱼的现象发生。

表 4-12-1　青石斑鱼不同年龄的相对增长率

年龄	体长			体重		
	体长（mm）	增长量（mm）	相对增长率（%）	体重（g）	增长量（g）	相对增长率（%）
1	200			220		
2	245	45	22.5	380	160	72.7
3	295	50	20.4	682	302	79.5

（二）食物转换

石斑鱼从仔鱼到幼鱼，在人工培育条件下，食物个体由小到大。仔鱼开口摄食时以双壳类受精卵和担轮幼虫、面盘幼虫为食，以后随着个体逐渐长大依次转到以轮虫、桡足类、卤虫、糠虾以及鱼肉、虾肉碎片等为食。在自然海区中，幼鱼常以麦秆虫、蛾等小型甲壳类为食。幼鱼期之后到成鱼阶段则以虾、蟹类、鱼类、头足类等为主要食饵。

（三）摄食强度

青石斑鱼的摄食强度，周年平均更正饱满指数为51.3‰，一年中出现两个摄食高峰，第一个高峰出现在产卵前的5月，平均更正饱满指数为129.1‰，是全年的最高峰，这以后摄食强度急剧下降。次高峰出现在产卵后的秋季，平均更正饱满指数为62.3‰，11月以后摄食强度又趋减弱。这表明石斑鱼在产卵前期和产卵后期大量摄食，生殖期和越冬期少量摄食或不摄食。

（四）不同体长的食物组成

青石斑鱼不同体长的食物组成如表4-12-2所列，作为石斑鱼主要食饵的虾、蟹类，出现频率在各体长组中都占较高比重，达到30%~66.7%，蟹类的重量组成在各体长组中也占较高的比重，达到34.8%~62.7%。鱼类和乌贼在310 mm以下的中小条鱼中出现频率和重量组成都很低或没出现，而310 mm以上的大条鱼，鱼类和乌贼的出现频率和重量组成都比较高，达到9.4%~33.4%。

表4-12-2　石斑鱼不同体长的食物组成　　　　　　　单位:%

种类	210~280 mm		281~310 mm		311~380 mm		381~410 mm	
	出现频率	重量组成	出现频率	重量组成	出现频率	重量组成	出现频率	重量组成
虾类	59.4	28.0	65.0	11.8	30.0	4.0	41.7	5.7
蟹类	44.1	62.7	51.1	50.1	60.2	56.0	66.7	34.8
鱼类	4.3	1	50.0	1.6	9.4	11.6	33.4	24.0
乌贼					33.4	17.9	16.7	31.4

引自：周婉霞，等，1983.

第十三节　虾类

一、群体组成

（一）体长、体重组成

浙江渔场拖虾作业捕捞的经济虾类中，数量较多，经济价值较高，能形成捕捞群体的种类有12种，其中大型虾类只有日本囊对虾1种，其捕捞群体的优势体长、体重分别为110~195 mm、12.5~72.5 g，最大体长为238 mm、体重为165 g。其余都是中型虾类，其中个体较大的有大管鞭虾、凹管鞭虾、高脊管鞭虾、中华管鞭虾、哈氏仿对虾、鹰爪虾、假长缝拟对虾、须赤虾8种，其优势体长、体重分别为50~100 mm、1.5~10 g。个体较小的有葛氏长臂虾、戴氏赤虾和长角赤虾3种，其优势体长、体重分别为40~65 mm、0.5~3.0 g。各个种类的体长、体重组列于表4-13-1。

表 4-13-1 主要经济虾类捕捞群体体长体重组成

种类	雌雄	体长（mm）				体重（g）				样本数
		范围	平均值	优势组	百分比（%）	范围	平均值	优势组	百分比（%）	
日本囊对虾	♀	90~238	148.2	110~195	89.3	7~165	38.0	12.5~72.5	86.7	919
	♂	90~185	132.6	105~170	92.4	7~65	25.5	10~50.0	94.3	794
大管鞭虾	♀	30~150	72.6	50~110	82.6	0.5~45	8.7	1.5~15.0	74.8	1 072
	♂	30~115	77.8	55~100	85.7	0.5~16	6.6	2.5~10.0	79.6	725
凹管鞭虾	♀	25~135	76.0	45~105	82.0	0.2~27	7.0	1.0~15.0	85.0	3 077
	♂	25~115	72.8	45~100	93.0	0.2~18	5.5	1.0~11.0	91.2	3 045
高脊管鞭虾	♀	25~130	77.8	45~105	81.8	0.2~38	9.3	1.0~18.0	80.9	959
	♂	35~110	72.6	55~95	86.1	0.5~16	6.3	1.5~10.0	78.4	570
哈氏仿对虾	♀	25~120	71.6	50~95	85.6	0.2~18	5.0	1.5~10.0	83.2	5 845
	♂	25~90	57.9	45~70	86.1	0.2~9	2.3	1.0~3.5	80.7	3 623
鹰爪虾	♀	25~120	72.4	50~95	87.8	0.3~22	6.1	1.0~10.0	85.7	4 184
	♂	30~95	57.9	50~70	83.3	0.3~12	2.7	1.0~4.0	89.1	3 070
假长缝拟对虾	♀	30~125	70.0	45~95	80.7	0.2~19	4.1	1.0~8.0	74.4	3 571
	♂	30~100	68.6	50~85	85.4	0.2.~10	3.2	1.0~5.5	87.0	2 701
中华管鞭虾	♀	24~110	66.0	45~90	84.5	0.2~16	4.1	1.0~8.0	82.5	1 629
	♂	28~80	58.1	45~70	84.4	0.2~9	2.6	1.0~4.0	85.1	1 507
须赤虾	♀	30~125	70.5	45~100	86.2	0.2~19	5.1	1.0~12.0	83.6	2 399
	♂	30~110	68.7	45~90	89.6	0.2~13	4.3	1.0~8.5	89.7	2 089
长角赤虾	♀	25~85	55.1	40~65	86.8	0.5~6	1.6	0.8~3.0	86.0	1 309
	♂	30~85	55.8	40~65	88.2	0.5~6	1.7	0.8~2.5	87.0	1 105
戴氏赤虾	♀	30~85	54.4	40~65	83.1	0.2~6	1.9	0.5~3.5	88.7	1 369
	♂	25~75	51.8	40~60	82.1	0.2~5	1.7	0.5~2.5	82.2	1 261
葛氏长臂虾	♀	24~76	50.3	40~65	82.3	0.1~9	2.2	0.8~3.0	69.7	1 927
	♂	26~58	42.1	35~50	82.3	0.1~3	1.2	0.6~1.6	74.2	987

（二）体长与体重的关系

虾类体长与体重的关系与鱼类一样，其关系曲线呈幂函数类型，符合指数增长型，可用关系式 $W=aL^b$ 来表示，式中 W 为体重，L 为体长，a、b 为常数。浙江渔场 12 种主要经济虾类体长与体重的关系，根据不同种类各个体长组中值与相应的平均体重配合回归，求得其关系式中各常数值列于表 4-13-2。

表4-13-2　主要经济虾类体长与体重关系常数值

种类	雌雄	常数		相关系数	样本数
		a	b	r	
日本囊对虾	♀	$1.213\,7×10^{-5}$	$2.964\,7$	0.999	919
	♂	$0.983\,6×10^{-5}$	$3.008\,1$	0.997	794
大管鞭虾	♀	$6.147\,7×10^{-6}$	$3.142\,4$	0.979	$1\,072$
	♂	$8.401\,5×10^{-6}$	$3.069\,6$	0.971	725
凹管鞭虾	♀	$1.213\,7×10^{-5}$	$2.964\,7$	0.999	$3\,077$
	♂	$0.983\,6×10^{-5}$	$2.300\,8$	0.997	$3\,045$
高脊管鞭虾	♀	$0.283\,6×10^{-5}$	$3.378\,3$	0.998	959
	♂	$0.546\,5×10^{-5}$	$3.221\,8$	0.995	570
哈氏仿对虾	♀	$2.098\,3×10^{-5}$	$2.868\,0$	0.998	$5\,845$
	♂	$0.393\,1×10^{-5}$	$3.248\,4$	0.981	$3\,623$
鹰爪虾	♀	$0.584\,3×10^{-5}$	$3.157\,0$	0.995	$4\,184$
	♂	$3.110\,6×10^{-5}$	$2.787\,0$	0.996	$3\,070$
假长缝拟对虾	♀	$2.094\,6×10^{-5}$	$2.817\,5$	0.998	$3\,571$
	♂	$2.419\,9×10^{-5}$	$2.782\,6$	0.996	$2\,701$
中华管鞭虾	♀	$1.447\,2×10^{-5}$	$2.982\,4$	0.999	$1\,629$
	♂	$1.398\,2×10^{-5}$	$2.984\,3$	0.998	$1\,507$
须赤虾	♀	$0.386\,3×10^{-5}$	$3.227\,5$	0.999	$2\,399$
	♂	$0.440\,8×10^{-5}$	$3.219\,1$	0.998	$2\,089$
长角赤虾	♀	$0.113\,8×10^{-5}$	$2.872\,3$	0.989	$1\,309$
	♂	$0.283\,9×10^{-5}$	$3.249\,6$	0.990	$1\,105$
戴氏赤虾	♀	$0.839\,3×10^{-5}$	$3.059\,5$	0.995	$1\,369$
	♂	$0.668\,7×10^{-5}$	$2.543\,7$	0.991	$1\,261$
葛氏长臂虾	♀	$6.641\,5×10^{-5}$	$3.209\,4$	0.999	$1\,927$
	♂	$2.372\,7×10^{-5}$	$2.868\,6$	0.999	987

二、生殖习性

虾类在一个生殖期内属多次排卵类型，产卵期比较长，不同种类产卵期不同。浙江渔场12种主要经济虾类分别在春、夏、秋三季达到性成熟产卵，不同种类产卵高峰期不同，葛氏长臂虾、日本囊对虾的产卵高峰期在春季（3—5月）；哈氏仿对虾、鹰爪虾、戴氏赤虾、须赤虾、长角赤虾的产卵高峰期在夏季（6—8月）；大管鞭虾、凹管鞭虾、高脊管鞭虾、中华管鞭虾、假长缝拟对虾的产卵高峰期在夏秋季（8—10月）。在上述种类中，葛氏长臂虾的产卵期最长，跨春、夏、秋三季，除春季生殖高峰外，秋季出现生殖次高峰，属双峰型，其余种类，只有一个生殖高峰期，属单峰型（表4-13-3）。

表4-13-3　主要经济虾类性成熟个体的月变化　　　　单位：%

种类	3月	4月	5月	6月	7月	8月	9月	10月	11月	12月
葛氏长臂虾	86.0	98.0	95.5	71.8	71.1	5.0	33.3	57.4	35.7	16.7
哈氏仿对虾			11.4	81.5	52.2	50.0	46.1	14.7		
鹰爪虾			5.3	74.0	65.0	29.2	10.1	6.8		
戴氏赤虾		5.2	81.1	87.3	66.7	43.1				
长角赤虾				28.6	16.0	5.0				
须赤虾				44.4	25.5	37.7				
凹管鞭虾			3.2	3.7	13.2	66.2	46.8	11.6		
大管鞭虾					31.1	17.3	46.0	69.8	21.0	
高脊管鞭虾						82.3	—	—	46.6	
中华管鞭虾				18.2	56.6	43.1	40.0	84.2		
假长缝拟对虾					14.1	72.7	10.9	1.9		

由于不同虾类生殖期不同，幼虾出现的时间和分布海区也不相同，这主要是由不同种类的生态属性决定的，如葛氏长臂虾、哈氏仿对虾、中华管鞭虾、鹰爪虾、戴氏赤虾等广温广盐属性的虾类，幼虾则分布在沿岸近海混合水区。大管鞭虾、凹管鞭虾、高脊管鞭虾、须赤虾、长角赤虾、假长缝拟对虾等高温高盐属性虾类则分布在高盐水近混合水区一侧（表4-13-4）。

表4-13-4　主要经济虾类生殖期和幼虾出现的时空分布

种类	生殖期（高峰）月份	幼虾出现月份	幼虾分布海域
葛氏长臂虾	2—7（3—6）	7—9	舟山、长江口、吕泗渔场沿岸海域
日本囊对虾	2—5（3—5）	6—7	浙江沿岸及岛屿周围海域
鹰爪虾	5—9（6—8）	9—11	浙江近海混合水区
哈氏仿对虾	5—9（6—7）	8—10	浙江沿岸和近海混合水区
须赤虾	6—11（6—8）	9—11	舟山、鱼山、温台渔场50 m水深以东海域
戴氏赤虾	4—8（5—8）	7—9	浙江近海混合水区
长角赤虾	5—8（6—8）	8—10	鱼山、温台、闽东渔场50 m水深以东海域
中华管鞭虾	6—10（8—10）	11—2	浙江沿岸和近海混合水区
凹管鞭虾	6—11（8—10）	11—4	鱼山、温台、闽东渔场50 m水深以东海域
大管鞭虾	7—11（9—10）	11—4	鱼山、温台、闽东渔场50 m水深以东海域
高脊管鞭虾	7—11（8—10）	10—2	舟山、鱼山、温台渔场50 m水深以东，江外沙外渔场
假长缝拟对虾	7—10（7—9）	9—11	鱼山、温台、闽东渔场50 m水深以东海域

三、生长特性

虾类是一年生的甲壳动物，当年出生的幼虾，经过春夏季和夏秋季的快速生长期，一周年内就长成成熟个体。由于虾类不同种类生殖期不同，幼虾出现的季节也不相同，其快速生长期也不一致，一般可归纳为两种类型：一种是春季繁殖产卵的虾类，如日本囊对虾，春季繁殖后，幼虾生长至 6 月体长就达到 30~70 mm，再经过夏秋季的快速生长期，10 月达到 140~200 mm 的成虾（图 4-13-1），秋末冬初就成为捕捞的对象，翌年春季再行生殖产卵。另一种类型是夏秋季生殖产卵的虾类，如凹管鞭虾，夏秋季生殖后，至 9—11 月体长已长至 30~70 mm 的幼虾，幼虾度过冬季之后，翌年春夏季再加速生长，7—9 月长成 80~120 mm 的成虾，同时达到性成熟产卵（图 4-13-2），这一生长类型的虾类，幼虾越过冬季低温期，生长缓慢或停止生长，至翌年春季，水温上升，才加速生长，至夏秋季成熟产卵，完成了一个生活周期，在这个生活周期中，同样经历了夏秋季和春夏季两个快速生长期。

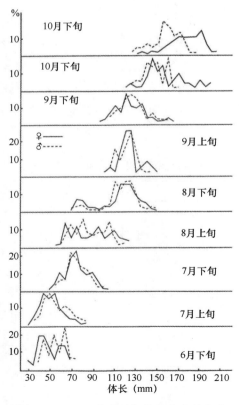

图 4-13-1　日本囊对虾体长分布月变化

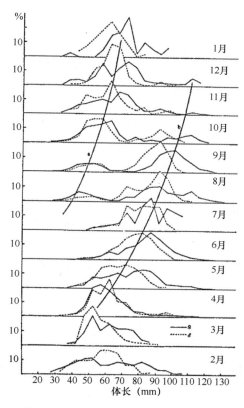

图 4-13-2 凹管鞭虾体长分布月变化

四、摄食习性

虾类除了中国毛虾、细螯虾等浮游性虾类以浮游生物为食外，其他的游泳虾类以底栖生物为主食，兼食底层游动生物。主要的食物类群有双壳类、腹足类、长尾类、多毛类、短尾类、头足类、口足类、桡足类和涟虫等。虾类一年四季都摄食，摄食等级以1级为主，其次是2级，3级较少，繁殖高峰期减少摄食量。

第十四节 三疣梭子蟹

一、群体组成

（一）甲宽、体重组成

根据周年 5 022 尾样品测定结果，三疣梭子蟹（简称"梭子蟹"）捕捞群体的甲宽范围为 80~240 mm，平均甲宽为 149.5 mm，优势组甲宽为 120~180 mm，占 84.1%。其中：雌蟹甲宽范围为 80~240 mm，平均甲宽为 153.4 mm，优势组甲宽为 120~180 mm，占 85.7%；雄蟹的甲宽范围为 80~220 mm，平均甲宽为 141.3 mm，优势组甲宽为 110~170 mm，占 84.6%，雌蟹个体大于雄蟹（图 4-14-1）。

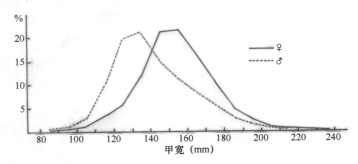

图 4-14-1　三疣梭子蟹捕捞群体甲宽组成分布

梭子蟹不同生活阶段按其集群性质，可分为产卵群体（4—6 月）、索饵群体（8—10 月）和越冬群体（11 月至翌年 2 月）。不同群体的甲宽、体重组成特征列于表 4-14-1。

表 4-14-1　三疣梭子蟹不同群体甲宽、体重组成比较

群体类型	雌雄	样本数	甲宽范围（mm）	平均值（mm）	优势组 范围（mm）	优势组 百分比（%）	体重范围（g）	平均值（g）	优势组 范围（g）	优势组 百分比（%）
产卵群体	♀	1 332	100~240	153.7	130~180	80.8	40~620	204.3	120~280	74.4
	♂	558	95~220	141.9	110~160	77.0	40~660	195.5	80~260	75.8
索饵群体	♀	376	80~205	133.9	110~175	79.3	20~390	140.1	60~180	72.3
	♂	635	85~210	133.8	105~175	88.8	30~490	144.7	70~180	76.5
越冬群体	♀	1 656	80~230	155.3	130~185	90.0	40~640	211.0	120~300	85.6
	♂	465	70~205	146.2	120~180	83.0	50~490	191.7	80~260	75.5

（二）甲宽与体重的关系

根据大量生物学测定数据，梭子蟹甲长平均值与甲宽平均值的比为 1∶2.048，接近 1∶2 的关系。甲宽与体重之间呈幂函数关系，其关系式为：

$$W_♀ = 4.757\,9 \times 10^{-5} L^{3.025\,7}$$

$$W_♂ = 3.836\,5 \times 10^{-5} L^{3.073\,4}$$

其中，W 为体重，L 为甲宽。

二、生殖特性

（一）产卵期和产卵场

梭子蟹的产卵期比较长，浙江北部近海主要产卵期在 4—7 月，高峰期集中在 4 月下旬至 6 月底，这时抱卵雌蟹占 50% 以上。南部外侧海区 2—3 月，北部海区 8 月也有一定数量的抱卵个体，占群体组成的 5% 左右，秋冬季也能捕到抱卵雌蟹，但数量很少，仅在渔获物中偶尔发现。梭子蟹抱卵期间，卵的颜色开始为浅黄色，逐渐变为橘黄色，最后变为黑色，接着便开始"散仔"。从黑色抱卵蟹出现的数量，可以看出浙江近海梭子蟹的"散仔"期在 5 月中旬到 7 月底，高峰期在 6 月上旬至 7 月中旬。

梭子蟹的产卵场范围比较广，几乎偏布沿岸浅海及外侧岛屿周围海域。3—4 月，浙江中南部近海数量逐渐增多。5—6 月，密集分布于浙江北部海区 20~40 m 水深海域，尤其是砂质和泥沙质海区数量较多。产卵场底层水温为 13~17℃，底层盐度外侧海区为 31~33，内侧海区为 16~30。

（二）排卵类型

根据对 690 只抱卵雌蟹生殖腺发育情况进行观察结果，同属已经排卵的抱卵雌蟹，体内有不同发育等级的卵巢，其成熟度随时间的推移而变化。4—5 月，抱卵雌蟹体内性腺成熟度较高，Ⅲ~Ⅳ期和Ⅳ期占多数，4 月下旬，Ⅲ~Ⅳ期占 52.6%，Ⅳ期达 42%，以后逐渐减少，呈递减现象，说明 4—5 月第一次排卵后，体内仍有较多接近成熟的卵子，将进行第二次排卵。6 月中旬以后，抱卵雌蟹体内性成熟度明显下降，以Ⅱ期为主，7 月达 75%~84.8%。两次排卵后，绝大部分卵巢已萎缩，不再排卵，但有少数个体还有较多的白色和浅黄色卵巢，在饵料充足、环境条件适宜时，会进一步发育，进行第三次排卵。可见，梭子蟹在一个产卵期内，可排卵 1~3 次，属多次排卵类型，这也是梭子蟹产卵期较长的缘故。

（三）排卵量

根据计数的 356 只雌蟹腹部抱卵量，三疣梭子蟹个体抱卵量比较多，不同个体变动范围较大，从 3.53 万粒至 266.30 万粒不等。不同时期，其抱卵数量不同，从 4 月下旬至 6 月上旬，抱卵数量比较多，在 18.01 万~266.30 万粒，平均为 98.25 万粒。从 6 月中旬至 7 月末，抱卵量比较少，在 3.53 万~132.40 万粒，平均为 37.43 万粒，前者可视为初次排卵，后者为重复排卵。在同一生殖期内，初次排卵的数量比重复排卵的数量多。梭子蟹排卵量与甲宽、体重的关系密切，一般随甲宽、体重的增长而增加，排卵量与体重呈线性关系（图4-14-2）。其关系式如下：

4月下旬至6月下旬：$Y_1 = 2\ 034W^{1.099}$

6月中旬至7月末：$Y_2 = 1\ 924W^{0.986\ 3}$

其中，Y 为排卵量，W 为体重。

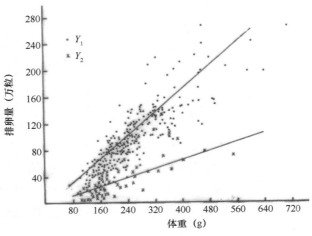

图4-14-2　三疣梭子蟹排卵量与体重的关系

（四）性成熟特性

梭子蟹雌雄异体，其雌雄性腺发育是非同步的。雄蟹当年秋季性成熟交配，交配期在7—11月，以9—11月为盛期。雄蟹把精荚输入雌蟹的贮精囊中，而当年成长的雌蟹，交配时性腺尚未发育，交配后雌蟹性腺发育迅速，至翌年春、夏季性成熟，受精产卵，产卵后的个体还能继续蜕壳交配。所以，梭子蟹的生殖活动有交配和产卵两个时期。从调查样品中发现，在梭子蟹交配盛期（9—10月）的群体中，带有精荚的雌蟹最小个体，甲宽为110~120 mm，甲长为50~60 mm，体重为80~100 g。这批调查样品个体腹部呈三角形，是当年孵出长成的个体。从翌年5—6月浙江北部海区捕获的生殖群体样品中，已排卵的抱卵雌蟹最小个体，甲宽为115~130 mm，甲长为55~65 mm，体重为60~80 g，抱卵重量为20~30 g，这与上一年秋天交配的最小个体相似。可见梭子蟹属当年交配，翌年性成熟产卵，即1龄达到性成熟产卵。但每年4—5月，在外侧及近岸海区常可捕到甲宽45~135 mm、体重5~120 g尚未交配的幼蟹，这部分幼蟹中个体较大的，是上一年晚秋孵化成长起来的，已越过一个冬天。另一部分个体较小的是早春在南部及外侧海区孵化成长的幼蟹（当龄蟹）。上述幼蟹与4—7月生殖高峰季节产卵孵化成长起来的幼蟹（当龄蟹）一起，经过夏、秋季的蜕壳、生长、交配，形成翌年春季的生殖群体。所以，梭子蟹初届参加产卵活动的，主要为1龄群体，也有部分2龄群体。

三、年龄与生长

（一）年龄

三疣梭子蟹靠脱壳生长，没有年龄标志，通过大量的生物学测定资料，从甲宽、甲长的分布频数可估计其年龄。据戴爱云等（1977）报道，梭子蟹可越过1~3个冬天。每年春季（4—5月）在沿岸海区除了生殖群体外，还有一部分甲宽120 mm以下未交配的小蟹，这是上一年第二次产卵孵出的群体。这一群体的幼蟹已越过一个冬天，与当年夏季出生的群体一起，经过索饵、成长、交配，组成第二年春季的产卵群体。在浙江南部近海春季抱卵雌蟹中，有两个优势甲长组，一组为57~71 mm，另一组为73~84 mm，前者可认为是1龄蟹，后者为2龄蟹，越过3个冬天的为数较少，梭子蟹的捕捞群体主要由1~2龄蟹组成。

（二）生长

梭子蟹的生长是靠蜕壳完成的，每脱一次壳身体就长大一些，属非连续性生长特点。从幼蟹长至甲宽110~130 mm，大约经过13次蜕壳。秋季交配后，雌蟹不再蜕壳，至第二年春、夏季产卵后，再蜕壳生长。图4-14-3所示是幼蟹群体和成蟹群体甲宽逐月分布情况，从图上看出幼蟹出现有两个高峰季节，即春季高峰和夏季高峰。夏季幼蟹高峰是当年生殖高峰期（4—6月）孵化出生的，浙江北部沿岸海区，从6月底开始出现甲宽20 mm左右的幼蟹，7—10月都有甲宽40 mm、体重10 g左右的幼蟹出现。幼蟹体色为深紫色。7—8月，幼蟹生长最快，7月其甲宽平均增长28.8 mm，增长率为88.6%，体重平均增长量为11.5 g，平均增长率达460%。8月甲宽平均增长21.6 mm，增长率为35.2%，体重平均增长25.5 g，增长率为182.1%，以后逐月递减（表4-14-2）。9—10月，甲宽达到100 mm左右的较大个体，开始移向深水海区，加入成蟹群体（图4-14-3 c~d），成为捕捞对象。夏季高峰幼蟹数量最多，是当年梭子蟹主要的补充来源。由于梭子蟹在一个生殖期内多次排卵，产卵期较长，除了产卵高峰期集中在4—6月外，早春和秋季也有少数个体产卵，因此，早春和晚秋也有幼蟹出现。在晚秋孵出的幼蟹（图4-14-3 e），因入冬后渔场水温下降，幼蟹生长缓慢或停止生长，至翌年春季水温上升才继续蜕壳生长，并与早春孵出成长的幼蟹一起，组成春季幼蟹高峰（图4-14-3 a~b）。春季高峰的幼蟹体色灰白。4—5月，甲宽范围45~145 mm，体重范围5~180 g；5月平均甲宽102.4 mm，平均体重63.4 g；6月开始部分较大个体移向深水海区，加入成蟹群体；7—8月，大部分已成捕捞对象。但春季高峰幼蟹数量比夏秋季高峰少。

表 4-14-2　幼蟹群体甲宽、体重月变化

月份	甲宽（mm）						体重（g）						样品数
	范围	优势组	百分比（%）	平均值	增长量	增长率（%）	范围	优势组	百分比（%）	平均值	增长量	增长率（%）	
6	15~50	20~45	92.1	32.5			0.5~10	0.5~5	96.1	2.5			317
7	30~110	45~85	89.4	61.3	28.8	88.6	2.5~60	5~30	88.8	14.0	11.5	460.0	639
8	35~155	55~100	81.0	82.9	21.6	35.2	3.0~200	10~50	81.4	39.5	25.5	182.1	845
9	45~170	55~105	78.3	88.2	5.3	6.4	5~180	10~60	74.1	43.8	4.3	10.9	420
10	40~185	55~120	87.4	88.3	0.1	0.1	5~250	5~90	90.3	43.9	0.1	0.2	745

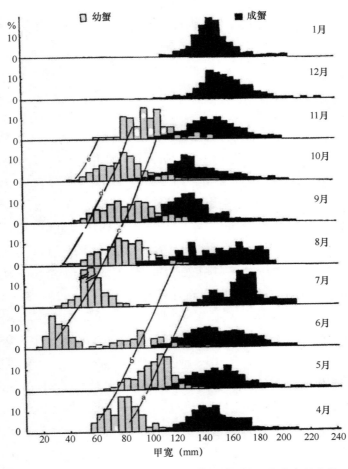

图 4-14-3　三疣梭子蟹幼蟹群体与成蟹群体甲宽分布月变化

四、雌雄性比

梭子蟹在不同生活阶段，群体组成的雌雄性比不一样，6—10 月沿岸海区当年生幼蟹生长阶段，雌蟹占 46.5%，雄蟹占 53.5%，雌雄性比接近 1∶1。9—10 月成蟹交配盛期，雌蟹占 33.2%，雄蟹占 66.8%，雄蟹多于雌蟹。4—7 月生殖季节，雌蟹占 71.1%，雄蟹占 28.9%，雌蟹明显多于雄蟹。11 月至翌年 1 月越冬季节，雌蟹又多于雄蟹。因此看出，刚出生的梭子蟹，其雌雄性比接近，由于其生殖活动有交配和产卵两个阶段，交配盛期雄蟹多于雌蟹，而产卵期和越冬期雌蟹多于雄蟹，这与其生殖活动特性相适应。

五、摄食习性

三疣梭子蟹有昼匿夜出的习惯，并有明显的趋光习性，多在夜间摄食，摄食强度以幼蟹生长肥育阶段最高，7—10 月当年生群体，摄食强度以 2 级为主，占 46.5%，其次是 3 级（29.3%）和 1 级（19.3%），空胃率较少，只占 4.9%。10—12 月越冬过路群体，摄食量也较高，1 级占 31.0%，2 级占 21.0%，3 级占 19.1%，空胃率为 29.0%，这时蟹体肥壮，性腺发达，经济价值高。

三疣梭子蟹食性比较杂，既吃鱼类、蟹类、虾类、腹足类、瓣鳃类、多毛类、口足类，也吃水母类、海星、海胆、海蛇尾等。根据王复振（1964）的调查，梭子蟹吃沙蟹及玉螺最多，鱼类、蛤类也吃不少，其出现频率以腹足类（23.5%）、瓣鳃类（22.5%）、短尾类（21.2%）最多，其次是蛇尾类（9.0%）和鱼类（8.3%）。

第十五节　曼氏无针乌贼

一、群体组成

曼氏无针乌贼是一年生的无脊椎动物，其群体是由一个世代组成，群体结构较为简单，根据其不同生活阶段可分为幼乌贼群体、越冬群体和生殖群体。

（一）幼乌贼群体

曼氏无针乌贼产卵繁殖后，自 7—9 月在浙江沿岸海区出现较多的乌贼幼体，幼乌贼群体的胴长范围为 3.1~45.0 mm，平均胴长为 17.05 mm；体重范围为 0.01~13.00 g，平均体重为 2.49 g。随着乌贼幼体逐渐长大，移向外侧深水海域索饵成长。

（二）越冬群体

10月以后，北方冷空气南下，渔场水温逐渐下降，自11月至翌年2月，曼氏无针乌贼移向东南部深水海域越冬，此时群体的胴长范围为61～190 mm，平均胴长为127.16 mm，体重范围为41～640 g，平均体重为238.61 g。

（三）生殖群体

春季随着水温回升，性腺开始成熟的乌贼向沿岸岛屿附近海域洄游，4—6月为其生殖季节，生殖群体的胴长范围为101～190 mm，平均胴长为142.45 mm；体重范围为121～580 g，平均体重为317.01 g（表4-15-1）。

表4-15-1　曼氏无针乌贼不同群体的胴长、体重组成

群体性质	时间	胴长（mm）		体重（g）		样本数
		范围	平均胴长	范围	平均体重	
幼乌贼群体	7—9月	3.1～45.0	17.05	0.01～13.00	2.49	568
越冬群体	11月至翌年2月	61～190	127.16	41～640	238.01	703
生殖群体	4—6月	101～190	142.45	121～580	317.01	146

二、生长

（一）幼乌贼的生长

浙江沿岸海区幼乌贼生长迅速，自7月至9月每半月平均胴长和平均体重的增长量都较高，并逐月加快，从7月上半月平均胴长5.89 mm、平均体重0.01 g，至8月下半月已增长至19.21 mm、2.10 g，2个月平均增长了13.32 mm、2.09 g。其不同阶段的增长量和相对增长率如表4-15-2所示。

表4-15-2　幼乌贼胴长、体重增长量和相对增长率的变化

时间	胴长（mm）			体重（g）			样本数
	平均胴长	增长量	相对增长率（%）	平均体重	增长量	相对增长率（%）	
7月上半月	5.89			0.01			135
7月下半月	8.22	2.33	39.56	0.28	0.18	180.00	81
8月上半月	12.85	4.63	56.33	0.73	0.45	160.71	212
8月下半月	19.21	6.36	49.49	2.10	1.37	187.67	134
9月	39.10	19.89	103.54	9.22	7.12	339.05	6

（二）越冬群体的生长

9月之后，长大的幼乌贼移向外侧海区索饵成长，至11月平均胴长已达到117.5 mm，平均体重187.10 g，并开始集群向东南部深水海域做越冬洄游，在越冬洄游过程中仍摄食生长，但后期生长缓慢，自11月至翌年1月，其胴长、体重增长量和相对增长率都较高，1—2月胴长和体重的相对增长率相对减缓（表4-15-3）。

表4-15-3　越冬乌贼群体胴长、体重相对增长率的变化

时间	胴长（mm）			体重（g）			样本数
	平均胴长	增长量	相对增长率（%）	平均体重	增长量	相对增长率（%）	
11月	117.53			187.10			350
12月	123.22	5.69	4.84	214.46	27.36	14.52	203
1月	133.02	9.80	7.95	266.20	51.74	24.13	100
2月	142.56	9.54	7.17	310.60	44.00	16.53	50

（三）胴长和体重的关系

根据周年捕获的乌贼胴长和体重资料，用 $W=aL^b$ 公式进行拟合，得出曼氏无针乌贼胴长与体重关系式为：

$$W = 1.038\,13 \times 10^{-3} L^{2.539\,84}$$

其中，W 为体重（总重），L 为胴长。

三、生殖习性

（一）产卵期和产卵场

曼氏无针乌贼的产卵期为4—6月，浙江南部海域略早，北部略迟。产卵场分布于浙江沿岸岛礁附近水域，水质澄清，透明度高，潮流缓慢，水深在40 m左右。海底及岩礁有海藻及柳珊瑚丛生的水域，是乌贼良好的产卵场。产卵期的最适水温为17~20.5℃，最适盐度为25~29。

（二）产卵习性

曼氏无针乌贼在口膜处受精，卵子是逐个产出，附着在海底或岩礁的柳珊瑚、海藻基部和有一定刚性的杆状物上，并常附着在已产出的卵粒上，形成一串串的黑葡萄。个体的产卵过程一般为7~20 d，高峰期在4 d左右。

（三）生殖力

浙江嵊山渔场曼氏无针乌贼的绝对怀卵量为 1 210~4 320 粒，平均为 2 090 粒。个体绝对怀卵量与胴长、纯体重呈线性增长关系，其关系式为：

怀卵量与胴长的关系：$R = 364.81 + 12.76L$

怀卵量与纯体重的关系：$R = 1 575.81 + 2.94W$

其中，R 为怀卵量，L 为胴长，W 为纯体重。

四、摄食习性

乌贼是主要经济鱼类的摄食对象，而本身又是主要经济鱼类摄食的竞争者。乌贼有坚强的角质颚，灵活的触腕和发达的眼睛，成为其捕食的有力器官。乌贼食性很广，其食物组成有毛颚类、鱼类、端足类、长尾类、磷虾类、短尾类、翼足类、瓣鳃类、珊瑚虫类等。出现频率较高的有毛颚类、鱼类、端足类、长尾类、磷虾类。其主要食物种类以鱼类为主，浙江中街山渔场乌贼产卵前期主要摄食龙头鱼，约占食物总量的 43%，产卵后期以幼带鱼为主食，约占食物总量的 30%，还有小杂鱼如鳀鱼等，约占食物总量的 18%。

第十六节　剑尖枪乌贼

一、群体组成

（一）群体的胴长、体重组成

根据 1994—1996 年浙江渔场头足类资源调查，收集剑尖枪乌贼样本 3 303 尾，研究其群体组成结构。剑尖枪乌贼群体的胴长范围 30~350 mm，平均胴长为 103.4 mm，优势组为 60~130 mm，占 74.9%；体重范围为 5~820 g，平均体重为 76.5 g，优势组为 10~110 g，占 79.0%。大的个体胴长 320 mm，体重 820 g，出现在 2 月。不同季节剑尖枪乌贼群体的胴长、体重组成如表 4-16-1 所示。3—5 月和 11 月群体以小个体为主，平均胴长和平均体重较小，分别为 100 mm 和 70 g 以下；6—10 月和 12 月至翌年 2 月，其群体虽有小个体存在，但大的个体数量增多，其中 6—8 月小个体所占比例较高，但大的个体增加明显，7、8 月胴长体重有大小两个优势组，因此平均胴长和平均体重相对较大，分别在 100 mm 和 70 g 以上。剑尖枪乌贼几乎周年都有小个体出现，优势组不太明显，各个月份的个体平均值变化不大，平均胴长月变化不超过 20 mm，平均体重月变化不超过 45 g。

表4-16-1　剑尖枪乌贼群体组成的季节变化

季节	胴长（mm）				体重（g）			
	范围	平均	优势组	百分比（%）	范围	平均	优势组	百分比（%）
春（3—5月）	30~230	91.7	50~110	73.3	5~470	66.6	10~110	71.0
夏（6—8月）	40~350	109.6	45~155	65.3	5~680	79.8	10~150	69.3
秋（9—11月）	35~305	107.1	60~140	66.0	5~480	80.3	10~110	74.0
冬（12月至翌年2月）	45~320	111.7	70~135	67.7	10~820	92.3	10~120	73.0
全年	30~350	103.4	60~130	74.9	5~820	76.5	10~110	79.0

1989年闽东渔场指挥部对温台-闽东渔场剑尖枪乌贼进行调查，测定样本4 861尾，其群体的胴长范围为44.0~353.0 mm，平均胴长119.3 mm。与1994—1996年相比，后者平均胴长略有下降，这与调查海区偏北偏沿岸、小个体增多也有关系。

（二）体长与体重的关系

剑尖枪乌贼胴长（L）与体重（W）的关系曲线呈幂函数类型，可用$W=aL^b$关系式拟合，其表达式为：

$$W = 2.559 \times 10^{-3} L^{2.185} \quad 相关系数 R = 0.991$$

二、繁殖和生长

剑尖枪乌贼为一年生的软体动物，一周年内性成熟产卵，产卵后相继死亡。在浙江中南部外海，5月就有性成熟个体出现，6—10月性成熟个体出现率较高（表4-16-2），其中6月最高，性成熟期达Ⅳ、Ⅴ期的出现率为63.5%，7—10月Ⅳ、Ⅴ期的出现率在41.3%~44.8%之间。剑尖枪乌贼由于繁殖期较长，有春生群、夏生群和秋生群之分，所以在海域中，除冬季个别月份外，都可捕到胴长60 mm以下的小个体。其中，以6—8月最高，占32.2%。其次是3—5月，占25.7%。9月至翌年2月较少，在17%以下。夏、秋季出生的群体生长迅速，经过越冬后，翌年春夏季长大进行繁殖，连同春夏季出生的群体一起，是夏秋季渔业的捕捞对象。

表4-16-2　剑尖枪乌贼性腺成熟度的月变化　　　　　　　　单位：%

月份	尾数	Ⅰ期	Ⅱ期	Ⅲ期	Ⅳ期	Ⅴ期	Ⅵ期
6	299	5.4	9.0	8.0	27.4	36.1	14.0
7	208	8.7	17.3	14.0	21.6	22.6	15.4
8	250	18.4	15.6	10.8	25.0	17.0	13.2
9	285	10.9	14.0	17.5	20.4	20.9	16.2
10	290	17.2	19.3	9.3	21.7	23.1	9.3

三、摄食习性

剑尖枪乌贼在繁殖期减少摄食，雌性个体产卵前就停止摄食。调查发现，剑尖枪乌贼摄食强度以空胃和少量摄食为主，周年的空胃率达45.3%，1级占37.2%，2、3级较低，在10%以下。剑尖枪乌贼胴长80 mm以上的个体以捕食鲐、鲹、沙丁鱼等幼鱼为主，出现频率达70%~80%。胴长80 mm以下较小个体以捕食虾类等甲壳类为主，出现频率达80%~90%。剑尖枪乌贼也捕食头足类幼体，同类相残较为普遍。

第十七节　太平洋褶柔鱼

一、群体组成

太平洋褶柔鱼有秋生群、冬生群和夏生群之分（董正之，1991），分布在浙江渔场的太平洋褶柔鱼主要为冬生群，冬季分布在浙江中南部外海越冬，其新生代春夏季北上索饵交配，秋冬季南下越冬产卵。4—8月，分布在舟山、长江口渔场的群体是正在成长的北上索饵群体，群体的个体比较小，优势胴长为105~175 mm，平均胴长145.8 mm；优势体重35~125 g，平均体重87.7 g。8月以后，这一群体已北上进入黄海。10月以后，随着水温下降，群体南下进行越冬洄游。10—12月，分布在济州岛西南部一带海域，成为群众渔业的捕捞对象，这一群体个体比较大，已完成生殖交接，其性腺发育等级，Ⅲ级占31.4%，Ⅳ级占65.7%，即将进行产卵活动，其群体优势胴长为210~270 mm，平均胴长为239.4 mm；优势体重为190~410 g，平均体重为289.0 g（表4-17-1）。

4—6月，在舟山渔场外海还能捕到性腺成熟的群体，性成熟度Ⅳ期占72.6%，Ⅴ期占25.8%，属夏季产卵的夏生群。这一群体的优势胴长160~235 mm，平均胴长198.6 mm，优势体重120~290 g，平均体重206.9 g，其群体数量不多。

表4-17-1　太平洋褶柔鱼不同群体的胴长体重组成

群体	雌雄	胴长（mm）			体重（g）		
		范围	优势组	平均胴长	范围	优势组	平均体重
北上索饵群体	♀♂	75~240	105~175	145.8	10~360	35~125	87.7
南下越冬群体	♀	210~280	230~270	248.9	180~580	220~410	324.0
	♂	200~260	210~250	229.9	130~410	190~340	253.9
夏生群	♀♂	130~290	160~235	198.6	70~600	120~290	206.9

二、繁殖和生长

(一) 产卵期和产卵场

太平洋褶柔鱼一年内性成熟，种内不同群体的产卵期和产卵场各不相同，据董正之 (1991) 报道，日本海太平洋褶柔鱼群系冬生群产卵期为 1—2 月，产卵场在富山湾—九州西岸—东海大陆架外缘。秋生群产卵期为 10—12 月，产卵场在能登半岛—东海大陆架外缘。夏生群产卵期为 7—8 月，产卵场在飞岛附近—日本海西部—九州西部海域。同时日本列岛太平洋沿岸太平洋褶柔鱼群系冬生群的产卵场也在九州西南—东海大陆架外缘，产卵期为 1—3 月。可见，东海大陆架外缘，尤其浙江中南部外海为太平洋褶柔鱼冬生群的产卵场和越冬场。

(二) 排卵量和胴长、体重增长量

太平洋褶柔鱼成熟雌体的产卵量为 30 万 ~ 50 万粒，卵的长径为 0.8 mm，短径 0.7 mm，卵子分批成熟，分批产出。卵子孵化后生长很快，3 个月后胴长可达 120 mm (董正之，1991)。春夏季，从浙江中南部外海越冬场北上的索饵群体，4 月平均胴长为 120.9 mm，体重为 62.9 g，至 6 月平均胴长达到 146.2 mm，平均体重为 73.9 g，胴长增长 25.3 mm，体重增长 11.0 g。至 8 月平均胴长和平均体重分别达到 194.1 mm 和 221.3 g，比 6 月平均胴长和平均体重又分别增长 47.9 mm 和 147.4 g (图 4-17-1)。

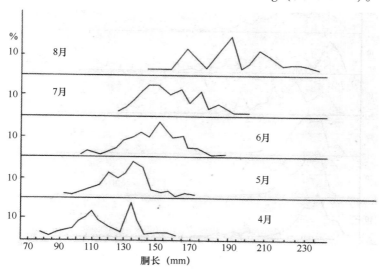

图 4-17-1　太平洋褶柔鱼 (冬生群) 北上群体胴长组成月分布

(三) 胴长与体重的关系

太平洋褶柔鱼胴长 (L) 与体重 (W) 呈幂函数的增长关系，用南下越冬群体胴长与

体重进行拟合，其表达式为：

$$W_♀ = 6.270\ 5 \times 10^{-4} L^{2.389} \quad \text{相关系数 } R = 0.938$$

$$W_♂ = 1.426\ 6 \times 10^{-3} L^{2.221} \quad \text{相关系数 } R = 0.971$$

三、摄食习性

太平洋褶柔鱼主要的摄食类群有鱼类、甲壳类和头足类。其摄食组成中以鲐、鲹等上层鱼类的幼鱼为主，也摄食长尾类、短尾类的大眼幼体，浮游甲壳类的磷虾、糠虾等，而同类相残现象较为普遍。

第十八节　海蜇

一、月龄与生长

海蜇是一年生的大型浮游动物，春季出生的幼蜇，经过几个月的生长，秋季就长成伞径400~700 mm的成蜇，成为渔业的捕捞对象。海蜇从幼蜇长到成蜇各月龄的生长情况，不同群体略有差别，浙南群体1月龄的幼蜇长到2月龄相对增长率最高，达到146.7%，其次是2~3月龄，相对增长率为67.6%，以后逐龄下降，到5月龄时已不再生长，伞径开始萎缩，进入衰老期。杭州湾海蜇群体快速生长期也从1月龄到2月龄，相对增长率达到150.0%，但杭州湾群体的生长期较短，3月龄后就不再生长，开始萎缩衰老（表4-18-1）。可见，浙南群体海蜇个体较大，而杭州湾海蜇个体较小。

表4-18-1　海蜇不同月龄的相对增长率

月龄	浙南群体（mm）			杭州湾群体（mm）		
	伞径	增长量	相对增长率（%）	伞径	增长量	相对增长率（%）
1	150			120		
2	370	220	146.7	300	180	150.0
3	620	250	67.6	360	60	20.0
4	710	90	14.5	320	−40	−11.1
5	750	40	5.6			
6	540	−210	−28.0			

引自：黄鸣夏，王永顺，见：农牧渔业部水产局，东海区渔业指挥部，1987.

海蜇伞径和体重的生长均较迅速，浙南海蜇群体出生后3个月伞径可达60 cm以上，重量可达 7 kg 以上，大的伞径可超过 120 cm，重量超过 10 kg。海蜇在产卵前，其重量随伞径的增加而增长，其关系式为：

$$W = 0.048L^{2.9386}$$

其中，W 为体重，L 为伞径。

海蜇的生命周期可划分为三个不同发育阶段，各阶段的生长速度是不同的。稚蜇发育变态期：此时稚蜇从碟状体发育变态而来，并继续发育为幼蜇，此阶段生长缓慢；幼蜇生长期：当幼蜇伞径达到 10 cm 以后，生长发育加速，为快速生长期；亲蜇衰老期：当海蜇性腺发育成熟并产卵后，亲体即进入衰老阶段，伞径开始萎缩，为负增长。

二、生殖习性

海蜇为雌雄异体，在其生命周期中由有性生殖和无性生殖交替进行。

（一）有性生殖

海蜇的水母型为其有性世代阶段，亲蜇卵母细胞发育成熟是非同步的，属于分批排卵类型。海蜇的绝对怀卵量很大，据黄鸣夏等（1985）对杭州湾海蜇群体的研究，伞径在 230~530 mm 的海蜇，怀卵量分布范围为 220 万~6 700 万粒，平均为 3 000 万粒。不同伞径的个体怀卵量不同，怀卵量随着个体伞径的增长而增加，海蜇个体的绝对怀卵量与伞径呈曲线相关，其关系式为：

$$Q = 1.0329 \times 10^{-3} L^{3.8763} \quad r = 0.9967$$

式中，Q 为怀卵量，L 为伞径，r 为相关系数。

（二）无性生殖

海蜇性成熟产卵后，受精卵经发育变态，变为螅状幼体时附着在水面下。海蜇的无性生殖以螅状体的足囊生殖和横裂生殖两种形式进行，由受精卵发育而成的螅状体或由无性生殖产生的螅状体，在水温条件适合时，均能发育为横裂体，每个横裂体能产生 4~10 个裂节，每个裂节发育成一个碟状体，碟状体脱离亲本而营独立生活。海蜇的无性生殖在其生命周期中是十分重要的环节，经足囊繁殖，螅状体可增加 2~3 倍，螅状体经横裂生殖能多次释放碟状体，碟状体的数量又大大超过螅状体。

（三）产卵场和产卵期

海蜇繁殖生长于沿岸河口浅水海域，水深一般为 5~15 m，海蜇的产卵期较长，自 9 月至 11 月都有性成熟的海蜇产卵，产卵盛期在 9—10 月。性成熟的海蜇在洄游过程中，当水温降到 26℃ 以下时便开始产卵，产卵盛期的水温为 26~22℃。浙南群体海蜇先行产卵个体的伞径一般在 60 cm 以上，而杭州湾海蜇先行产卵个体伞径一般在 40 cm 以上。

三、摄食习性

海蜇为浮游生物食性，靠身体放出的刺丝和触手捕捉食物，摄食中小型的浮游动物和浮游植物，其摄食的浮游动物种类有双壳类幼虫，腰鞭毛虫类的单角铠角虫、二角铠角虫、三角铠角虫、鼎形虫等，甲壳类的无节幼体、轮虫和水螅水母等。摄食的浮游植物种类有圆筛藻、骨条藻、箱形藻、舟形藻等。海蜇对食物的种类没有严格的选择性，但对饵料生物的个体大小有相应的要求。

第五章　海洋渔业资源的利用状况

第一节　海洋渔业的发展状况

一、海洋渔业的发展历史

　　海洋捕捞可上溯到 7 000 年前的河姆渡文化，那时原始人类就在东海杭州湾一带乘坐独木舟从事海上捕捞活动。据 1964 年以后在浙江舟山巨山岛、朱家尖、舟山本岛 20 多处发掘出的大批古代文物中可看出，早在公元前 4 000~10 000 年的新石器时代，舟山已有人定居，并在涂面采蚌拾贝、捉捕鱼虾，并使用简单的工具，在涂面、礁边、潮间带捕捉一些随潮进退的鱼虾。1977 年发掘的浙江余姚河姆渡文化遗址，出土 6 支木桨，说明先人用木桨划着独木舟到离岸不远的浅海或姚江上击猎一些大型海洋动物也是有可能的，遗址中出土的真鲨、鲟、鲸、海龟、鲻鱼、锯缘青蟹等海洋动物的遗骸证明了这一事实。1985 年浙江永嘉县和乐清县相继出土了石网坠、蟹化石、石锚、铜鱼钩等文物，说明 4 000~5 000年前的新石器时代，先人已在浙南沿海使用网具在浅海滩涂捕捞鱼类了。

　　自公元前 21 世纪至秦统一中国，浙江海洋捕捞业和全国一样，处在初期发展阶段。《竹书纪年》载，夏代帝王芒“东狩于海，获大鱼”，很可能用索镖或箭射。这种方法捕杀大型鱼类，到秦代还在使用，秦始皇曾派人在海上射杀较大的鲨鱼。为了进入较深海域捕捞游动性较大的鱼类，海洋渔船的出现是这个时期的最主要进步，沿岸渔场开始得到开发。到了春秋时代，海洋捕捞已广泛使用船只。《管子·禁藏篇》载：“渔人之入海，海深万仞，就彼逆流，乘危百里，夜宿不出者，利在海也。”能够到“万仞”深海过夜和捕鱼并有收获，说明船只网具和捕捞方法都有了进步。

　　浙江沿海部分地区在周代为越国境界，《国语·越语下》载，越自建国即“滨于东海之陂，鼋龟鱼鳖之处，而蛙黾之与同渚”。勾践当政时期，“上栖会稽，下守海滨，唯鱼鳖见矣”。公元前 505 年吴越两国在海战时期，吴王大捕石首鱼，“吴王归，思海中所食，问所余，所司云：‘并曝干。’王索之，其味美，因书美下着鱼，是为鲞字”（《吴地记》）。这一记载说明当时捕获之丰，从当时两国地理位置和航海、捕捞技术水平看，捕鱼海域最大可能在杭州湾口、岱衢洋一带，捕获的是大黄鱼。这些记载说明，浙江沿海渔场，特别是大黄鱼渔场，早在 2 500 年前就已开发利用了。

秦代以后，浙江海洋捕捞业发展缓慢。汉唐时代，浅海滩涂捕捞业仍然是海洋捕捞的主体。当时捕获的水产品种类很多，但作业方法还停留在潮间带附近的浅海滩涂上插箔、堆堰，随潮进退捕捉鱼虾贝类。

宋代以后，人口不断增加，生产力不断发展，出现了较大的船网工具，捕捞生产规模日渐扩大。"宋高宗绍兴十五年（1145 年），方碧佑长房迁居肥艚方成底，发展涨水作业，以苎编网。"（《苍南渔业志》第 4 页）。宋宝庆年间（1225—1227 年）编修的《昌国志》（注：昌国即今舟山）上所刊的海产品中，仅鱼类就有大黄鱼、小黄鱼、鲟鳇鱼、鲨鱼、鲍鱼等 12 种。宋代昌国县令五存之撰写的重修隆教寺碑文中记载，昌国居民"网捕海物，残杀甚多，腥污之气，溢于市井，涎壳之积，厚于丘山"，可见捕捞业之盛。又据宋宝庆《四明志》载："滨海之民业网罟舟楫之利"，"三四月，业海人每以潮汛竞往采之，曰洋山鱼，舟人连七郡出洋取之，多至百万艘"（原文如此，疑为上万艘）。"春鱼，似石首而小，每春三月业海人群往取，名曰捉春，不减洋山之盛。"说明当时大黄鱼汛和小黄鱼汛生产都已有相当规模。宋开庆元年（1259 年）修成的《四明续志》卷六《三郡隘船》载，庆元府（今宁波、舟山）六县共辖船 7 916 艘，温州府四县共辖船 5 813 艘，台州府三县共辖船 6 288 艘，全省合计 20 017 艘，从这里可以看出，大黄鱼鱼汛期间，上万艘渔船出海是可能的。

元代大德二年（1298 年）编修的《昌国州图志》物产一节中已记述有鱼类和其他水产资源 56 种，如大黄鱼、小黄鱼、带鱼、乌贼、鲳鱼、鲍鱼、马鲛鱼、章鱼、赤虾、淡菜、蛏子、弹涂鱼、白蟹等；在渔盐一节中说，"大德元年，至买及 800 余引"；在税课一节中记载，"鲨鱼皮，岁纳 94 张"，"鱼鳔岁纳 80 斤"。从这些记载中可以看出，当时舟山地区海洋捕捞业及水产加工业已有一定规模，体现出：一是当代捕捞的主要品种，至迟在元代初期已被开发利用，而且连品名都与现代基本相同；二是 800 余引盐约合 16×10^4 kg，以加工用盐量 25% 计，至少可加工 65×10^4 kg 鱼货；三是官府已把舟山看作重要渔业产地，故而以海产为课征物品。

到了明代和清代，随着社会的发展和造船业的进步，渔民在长期的生产实践中创造了适合本地区捕捞的各种渔具和渔法，拖网类、围网类、刺网类、张网类、敷网类、钓具类以及其他渔具进一步完善发展，捕捞水域从沿岸浅海逐步扩大到近海，甚至外海，形成了较为完备的捕捞作业体系。在作业方式方面，鄞县东钱湖渔民创造了独一无二的大对作业，象山爵溪渔民开创了独捞作业，台州、温州引进了福建的延绳钓渔业，奉化渔民创造了大捕渔业，镇海瀚浦渔民开创了外海大流网渔业，等等。在技术知识方面，人们对海洋水产资源的分布、海流潮汐、底质水深、暗礁位置、气象规律、鱼类习性等都有了进一步的认识，清光绪八年（1882 年）编写了《定海厅志》对所列鱼类的形态、汛期和用途都作了简要介绍，如"石首鱼"一栏说："尾鬃皆黄，一名黄鱼，首有二枕骨在脑户中，其坚如石，故以名之。冬月者佳，名报春，三月者名鲅，八月者次之，名桂花石首，至四、五月名黄鱼，出'北洋'（指岱衢洋），每至夏至，渔竞集网捕，谓之鱼市。凡三汛，至五月中方散。"在捕捞工具方面，船只网具逐步大型化和多样化，大、中、小型渔船和拖、围（对）、流、钓、张、光诱渔具，已具备了当代捕捞渔具的雏形。在作业渔场方面，除多数在沿岸近海渔场外，少数渔船已去江苏省吕泗洋渔场用流刺网捕鳓鱼，甚至远至琉球、对马海域流捕铜盆鱼（鲷）、金线鱼、青、黄鲐（鲌、鲹鱼）。在渔获物利用方面，除用盐腌制外，懂得了更多的加工知识，如大黄鱼加工为白鲞、鱼胶，乌贼加工螟蜅鲞和海螵蛸，可以入药，贻贝煮熟为淡菜贝，贝壳烧灰做粉可以涂壁以及建造冰厂储冰以为保鲜之用。

但是，明太祖洪武四年（1371年）和清世祖顺治十八年（1661年）的两次"海禁"，曾使发达的浙江海洋捕捞业遭受严重挫折。"海禁"期间，朝廷严禁渔民下海，严禁民间擅自建造三桅以上的大船，并将舟山、洞头、南麂等海岛居民全部迁居大陆。在"海禁"期间，渔民为生计所迫，仍然冒着禁令，偷偷出海捕鱼。清康熙二十二年（1683年）到任的定海知县缪燧在一件呈禀中谈到衢山时说：虽然"自明初起遣，永行废弃"，但每到"夏秋渔汛之期，闽浙渔船，集聚网捕，而无业游民，多有潜赴此山，搭厂开垦者"。说明虽有"海禁"，但海洋捕捞业仍在暗中进行着，生产技术也继承下来。直至清康熙二十三年（1684年）"海禁"废止，使海洋捕捞业获得了重新发展的机会，达到了一个新的生产水平。

清代末年，江苏南通实业家张謇痛感中国海事渔权丧落，积极倡导改良渔业，扬我国威，奏请清政府批准，建立了官商合办的江浙渔业公司，在青岛购入一艘德国公司的渔轮，命名为"福海"号，于清光绪三十年（1904年）九月开始试办，次年四月正式开办江浙渔业公司。公司总局设在上海吴淞，并拟在浙江乍浦、镇海、定海、瀣浦、沥港、岱衢等10处和江苏多处渔港设办事机构。"福海"号为单船拖网作业，渔场在浙江北部和长江口海域，兼有捕捞和护渔的双重任务。由于技术人员少，经验不足，维持了10多年后，由于第一次世界大战爆发，燃料（煤）涨价，经营亏本，不久停止生产，并改为专门护渔之用。这是中国也是浙江海洋捕捞业跨入现代机轮渔业的开端。此后，宁波等地商人曾先后组织浙海渔业公司、海利渔业公司、宁波源源公司等，先后购入、新建渔轮6艘，民国18年（1929年），浙江水产学校也新建手操网渔轮二艘（民生一号、民生二号）。由于种种原因，这些机动渔轮的经营没有取得完全成功，但是他们是浙江现代海洋捕捞业的拓荒者。

辛亥革命后，国民政府采取了一些有利于渔业发展的措施：民国3年（1914年）4月公布了《公海渔业奖励条例》，鼓励渔船进入公海捕鱼，凡符合条件的，政府给予奖励金；公布了《渔船护洋缉盗奖励条例》；民国6年（1917年）公布了《渔业技术传习章程》；民国9年（1920年）派技师李士襄筹备定海渔业技术传习所；民国18年（1929年）公布

《渔业法》；民国 19 年（1930 年）公布《渔业法实施细则》；民国 5 年（1916 年）设浙江省甲种水产学校于临海葭沚（今属椒江市）；民国 19 年（1930 年）江苏省水产试验场在嵊山成立，民国 24 年（1935 年）设立浙江省水产试验场于定海。同时，随着商品经济的发展，渔业投入增加，大对船作业在浙江北部迅速发展，其他各种作业也大量增加，特别是开拓了佘山小黄鱼渔场和嵊山带鱼渔场。抗日战争前夕，浙江海洋捕捞业兴旺发达，当时渔场北起佘山洋，南至南麂渔场，春捕大黄鱼、小黄鱼、墨鱼，冬捕带鱼，据《浙江工商年鉴》记载，民国 25 年（1936 年），全省（不含嵊泗县）有渔船近 2.6 万艘，年产量 25×10^4 t。另据民国 37 年（1948 年）编写的《奋进中的嵊泗列岛》一书记载，抗日战争前全县有渔船 2 292 艘，年产量 2×10^4 t。

我国沿海丰富的水产资源，早为日本所垂涎。日本自 19 世纪 20 年代起即对我国海洋状况和水产资源进行调查，并大肆在我国沿海渔场捕鱼，民国 14 年（1925 年）掠捕的真鲷占其总产量的 10%，真鲷资源枯竭后，又到处滥捕石首鱼类（主要为小黄鱼）和对虾。据民国日报记载，民国 17 年（1928 年）有 30 多艘日本渔轮，以上海为基地，常年在东海渔场侵渔。民国 23 年（1934 年）9 月 9 日《舟报》载，当年秋汛，260 余艘日本渔轮进入我国沿海侵渔。

民国 26 年（1937 年）抗日战争爆发，日本先后占领嵊泗、舟山和浙江沿海地区，大肆掠夺水产资源，毁坏、焚烧渔船，破坏生产工具。1939 年 8 月 9 日，日舰封锁椒江口，发炮击沉渔船 39 艘。1941 年，日本在南麂岛杀死渔民 60 余人。1942 年农历九月初三中午，日舰炮轰南麂竹屿岛，随后大批日军上岛，用机枪射杀渔民群众 100 余人，并烧毁岛上所有茅舍。舟山佛渡岛在战前曾有渔船 30 艘，战后一艘也没有剩下。据 1946 年 10 月 31 日《浙江经济》第四期载，抗日战争结束后，1945 年全省出海渔船仅 4 474 艘，渔民 31 487 人，年产量 3.99×10^4 t。此后稍有复苏，据浙江省渔业局统计，1947 年全省沿海渔船 15 357 艘，渔民 108 807 人，渔获量 17.54×10^4 t。渔船、渔民、鱼产量仍然比战前的 1936 年减少一半左右。

二、中华人民共和国成立后海洋渔业的发展状况

中华人民共和国成立后，浙江海洋捕捞生产力获得解放并进入空前发展的时期，沿海渔区变革了生产关系，进行技术改造，实现了风帆渔船机动化，网具尼龙化，通信联络电讯化，海洋捕捞生产蒸蒸日上。

（一）捕捞力量不断提高，向机械化、大型化、钢质化发展

中华人民共和国成立后，浙江省的海洋渔业经过几年的恢复，1954 年开始步入发展阶段，从海洋捕捞能力的发展状况看，可分为如下三个发展阶段：20 世纪 50 年代至 60 年代

中期，海洋捕捞渔船以传统的木帆船为主，木帆船数量达到 2.5 万~2.8 万艘，折合功率为 10×10^4 kW 左右①，而机动渔船处在发展阶段，从无到有，而且发展速度很快，从 1954 年 10 艘至 1960 年达到 1 400 艘，功率 5.5×10^4 kW，到 20 世纪 60 年代中期达到 2 800 艘，13×10^4 kW。这一时期的捕捞作业方式以对网为主，并结合张网和刺网等小型作业，渔获的对象以大黄鱼、小黄鱼、带鱼、曼氏无针乌贼四大渔产为主。第二阶段是 60 年代中期至 80 年代中期，这阶段机动渔船全面发展，从 1966 年的 3 400 艘，功率 15×10^4 kW，到 1974 年达到 8 400 艘，功率 33×10^4 kW，1985 年上升到 2.3 万艘，功率 84×10^4 kW。而这时期的木帆船开始萎缩，从 70 年代中期的 3 万多艘，约 10×10^4 kW，至 80 年代中期降至 1×10^4 kW。这阶段的捕捞能力强大，各种作业，如对网、拖网、刺网、张网、灯光围网等作业都实现机械化。第三阶段是 80 年代中期以后，捕捞渔船在实现机械化基础上，向大型化、钢质化发展，捕捞能力更加强大，浙江省的钢质渔轮数从 1986 年的 400 多艘，12.5×10^4 kW，到 1994 年发展到 3 800 多艘，81×10^4 kW，1999 年达到 9 200 多艘，205×10^4 kW，形成以钢质渔轮为主的大、中、小马力齐全的捕捞船队。浙江省的海洋捕捞渔船总功率，从 60 年代平均每年 20×10^4 kW，70 年代上升到 40×10^4 kW，80 年代达到 100×10^4 kW，90 年代为 200×10^4 kW，21 世纪初达到 300×10^4 kW（表 5-1-1）。

表 5-1-1 浙江省海洋捕捞渔船数、功率的变化

年份	渔船数（5 年平均）（万艘）			功率（5 年平均）（$\times10^4$ kW）		
	总数	木帆船	机动渔船	总功率	木帆船	机动渔船
1956—1960	2.85	2.78	0.06	13.54	11.12	2.47
1961—1965	2.72	2.51	0.20	18.18	9.03	9.15
1966—1970	3.16	2.73	0.43	28.56	8.61	19.93
1971—1975	3.52	2.92	0.64	39.10	9.07	30.02
1976—1980	3.10	2.17	0.93	53.54	5.57	47.83
1981—1985	3.10	1.34	1.76	76.01	2.61	73.40
1986—1990	3.78	0.66	3.12	129.39	0.94	128.45
1991—1995	3.75	—	3.75	225.71	—	225.71
1996—2000	4.01	—	4.01	354.01	—	354.01
2001—2005	3.13	—	3.13	365.32	—	365.32
2006—2010	2.62	—	2.62	357.67	—	357.67

从 60 年来浙江省渔船和捕捞能力的发展历史可以看出，捕捞力量从小到大，从木帆船到机帆船发展到机动渔轮，捕捞强度不断增大，使渔场得到扩大，资源得到充分利用，海洋捕捞产量也迈上新台阶，但是它却超越了生物资源的承受能力，使海洋捕捞业潜伏着

① 木帆船以 1 吨折合为 1 马力，1 马力 = 0.735 kW.

严重的危机。

(二) 渔场向外海扩展，作业结构发生变化

1. 渔场向外海扩展

随着捕捞渔船机械化、大型化、钢质化，捕捞海域逐渐向外海扩展。20 世纪 50 年代以木帆船生产为主，捕捞渔场主要分布在 40 m 水深以内的沿岸海域。60—70 年代随着渔船机帆化的发展，渔场向东扩展到 80 m 水深的近海海域，并且逐步向外海渔场拓展，如 70 年代中期到济州岛西南部的中央渔场捕越冬大黄鱼，到浙江中南部外海捕马面鲀。80 年代以后在"造大船，闯大海"声势推动下，捕捞渔船逐步大型化、钢质化，进一步向东部海域扩展，到 100～200 m 水深的海域生产，向东到达 128°00′E，北至大小黑山、济州岛东部和对马海域，南至台湾省北部和钓鱼岛海域生产。在外海渔场从 27°00′—33°00′N，125°00′—127°00′E，海域形成外海捕捞的中心渔场，各种作业，如双拖、单拖、拖虾、流、钓等作业，都向外海渔场进发，捕捞带鱼、马面鲀、虾蟹类、头足类和外海小宗经济鱼类，该海域经济鱼、虾类资源相对比较丰富，渔场环境和作业条件优良，是常年的生产渔场。

2. 作业结构发生变化

随着渔场的外移，捕捞作业结构也发生变化。1980—2010 年，浙江省 7 种主要捕捞作业中，除张网、流网、钓业 3 种作业，其渔获量的百分比组成变化不大外，底拖网、桁杆拖虾网和对网作业变化较大。传统的对网作业因只适合于近海渔场捕捞，自 20 世纪 80 年代中期以后，渔获比重明显下降，1980 年占总渔获量的 52.4%，1986 年下降至 25.1%，1996 年只占 1.9%。相反，适合于外海作业的底拖网作业和桁杆拖虾作业，其渔获比重则逐年上升。底拖网从 80 年代中期占渔获总量的 20% 左右，90 年代中期达到 40% 左右，桁杆拖虾作业从 80 年代中期不到 10%，90 年代中期上升到 20% 以上，至 2010 年年底拖网作业和拖虾作业两者的渔获量已占总渔量的 60% 以上（表 5-1-2）。

表 5-1-2　浙江省海洋捕捞不同作业渔获量组成　　　　　单位:%

年份	底拖网	对网	张网	流网	钓业	灯围	拖虾	其他
1980	14.3	52.4	20.5	4.2	0.6	3.4	0.3	3.9
1982	21.7	37.8	24.1	4.7	1.0	3.6	0.9	6.2
1984	21.8	26.7	27.4	7.9	1.3	6.2	1.8	6.9
1986	23.4	25.1	29.5	7.2	1.0	5.2	5.3	3.3
1988	21.1	19.7	28.9	8.4	0.4	6.8	8.4	6.3

续表

年份	底拖网	对网	张网	流网	钓业	灯围	拖虾	其他
1990	36.5	12.6	26.4	6.8	0.6	2.3	11.8	3.0
1992	42.2	5.7	24.0	5.3	0.5	1.6	18.3	2.4
1994	38.0	2.9	24.3	5.0	1.1	0.8	23.0	4.9
1996	39.7	1.9	24.5	4.9	2.6	1.4	22.3	2.7
1998	42.3	2.1	22.3	4.9	2.3	0.7	21.8	3.6
2000	41.1	0.1	21.5	5.6	4.6	0.7	22.0	4.2
2002	42.9		18.7	5.7	4.7	2.8	20.5	4.6
2004	43.7		18.3	5.6	6.7	3.0	18.7	4.0
2006	41.9		18.5	7.0	5.9	4.0	18.2	4.4
2008	61.9		19.4	8.0	0.2	6.9	—	4.6
2010	60.9		20.0	7.6	0.2	6.1	—	5.2

注：2008年、2010年年底拖网渔获组成包括拖虾作业的渔获组成。

由于渔场向外海扩展，作业结构发生变化，外海渔场的捕捞产量也逐年增长，从1989年占总捕捞量的33%，1994年上升到57%，2002年达到75.8%（包括远洋产量）（表5-1-3）。

表5-1-3　浙江省近外海域渔获量比例的历年变化　　　　　　　　　单位:%

年份	1989	1990	1991	1992	1993	1994	1995	1996	1997	1998	1999	2000
近海	66.8	64.4	62.2	55.5	43.4	43.0	34.1	33.6	33.8	31.2	26.8	27.0
外海	33.2	35.6	37.8	44.5	56.6	57.0	65.9	66.4	66.2	68.8	73.2	73.0

（三）总渔获量不断增长，而单位捕捞力量渔获量却逐年下降

1. 总渔获量不断增长

随着捕捞能力的增强，海洋捕捞产量也逐年增长。20世纪50年代中期至60年代中期，浙江省海洋捕捞产量为 $40 \times 10^4 \sim 50 \times 10^4$ t，占东海区产量的55%左右。从60年代中期至80年代中期，由于机动渔船的迅速发展，渔场向外拓展，海洋捕捞产量增长较快，浙江省年产量从1965年 51×10^4 t，1974年增长到 80×10^4 t，增长了57%。70年代中期以后，由于传统的四大渔产资源遭受破坏，资源出现衰退，捕捞结构调整尚未完全到位，从1974年至1984年10年间，捕捞产量出现年间波动，但由于捕捞能力强大，并开发了外海的马面鲀资源，使海洋捕捞产量仍维持在 $70 \times 10^4 \sim 80 \times 10^4$ t的水平。80年代中期以后，开发了外海的虾、蟹类，头足类等新的资源和渔场，进一步利用有潜力的鲐、鲹等上层鱼类资

源，带鱼单项鱼种的立法保护，使带鱼数量有所增长，使全省的海洋捕捞产量增长很快。同时，从 80 年代末开始发展远洋渔业，至 90 年代中后期，远洋渔船达到 300 多艘，产量 $20×10^4$ t。全省的海洋捕捞产量，从 1986 年的 $87×10^4$ t，到 1991 年突破 $100×10^4$ t，1995 年上升到 $247×10^4$ t，2000 年达到 $340×10^4$ t 的最高水平，比 1986 年的 $87×10^4$ t 增长 290%，2001 年至 2010 年维持在 $300×10^4$ t 左右（表 5-1-4）。

表 5-1-4 浙江省海洋捕捞产量、捞捕渔船、功率历年变化

年份	捕捞产量（t）	渔船（艘）	功率（kW）	其中：远洋捕捞		
				产量（t）	渔船（艘）	功率（kW）
1991	1 083 267	37 400	1 826 774	230	8	8 600
1992	1 228 638	35 885	2 067 558	22 000	29	23 887
1993	1 370 153	35 927	2 145 386	49 990	127	66 460
1994	1 976 035	37 755	2 286 647	70 000	157	94 547
1995	2 470 182	40 425	2 959 239	122 700	237	157 578
1996	2 597 200	40 453	3 208 747	133 900	309	188 460
1997	2 930 663	39 953	3 237 769	153 000	312	208 895
1998	3 263 063	40 199	3 548 041	157 696	348	251 402
1999	3 312 393	39 851	3 684 936	182 635	324	227 883
2000	3 395 700	37 815	4 020 998	203 361	350	253 563
2001	3 293 072	35 693	3 788 899	183 363	442	277 854
2002	3 241 799	34 101	3 815 089	217 423	474	260 961
2003	3 141 511	30 179	3 646 855	243 459	434	249 341
2004	3 220 358	28 449	3 538 444	284 450	398	238 484
2005	3 142 573	28 123	3 476 958	231 071	411	242 533
2006	3 179 497	27 719	3 580 256	218 810	362	216 568
2007	3 210 334	27 307	3 649 913	238 380	288	169 803
2008	3 010 792	25 829	3 591 151	261 489	317	184 003
2009	2 991 812	25 797	3 596 659	160 473	300	182 519
2010	3 084 987	24 462	3 466 340	194 136	326	186 886

2. 单位捕捞力量渔获量逐年下降

捕捞产量的增长并不意味着捕捞效率提高，单位捕捞努力量渔获量（CPUE）反而下降。20 世纪 50 年代，海洋渔业资源丰富，捕捞能力比较低的情况下，每千瓦的渔获量都比较高，1960 年为 3.10 t。随着捕捞能力的提高，每千瓦的渔获量逐年下降，从 1965 年的 2.5 t，1975 年降至 1.61 t，1985 年降至 0.93 t，1990 年只有 0.62 t，尤其是 70 年代中

期以后，下降速度比较明显（表5-1-5），这反映出渔业资源数量与捕捞强度之间的矛盾非常突出。

表 5-1-5　浙江渔场海洋捕捞产量与单位捕捞努力量渔获量（CPUE）的变化

年份	渔获量（10^4 t）		总功率（10^4 kW）		CPUE（t/kW）	
	范围	平均	范围	平均	范围	平均
1956—1960	37.80~47.90	44.34	10.89~15.44	13.54	3.09~3.58	3.29
1961—1965	33.56~51.12	41.69	15.92~20.43	18.18	2.10~2.50	2.26
1966—1970	43.17~60.69	50.33	24.17~31.84	28.56	1.44~2.32	1.80
1971—1975	53.21~80.52	67.58	32.98~43.67	39.10	1.61~1.89	1.72
1976—1980	66.94~78.12	71.36	47.07~62.42	53.54	1.14~1.48	1.34
1981—1985	67.25~79.44	73.78	67.83~85.53	76.01	0.90~1.07	0.97
1986~1990	86.79~99.34	92.09	96.44~160.55	129.39	0.62~0.90	0.73
1991~1995	108.33~234.75	158.52	181.82~280.83	218.73	0.60~0.88	0.71
1996—2000	246.32~319.24	293.36	302.02~376.74	331.40	0.82~0.94	0.89
2001—2005	289.81~310.97	297.59	323.44~355.41	339.94	0.85~0.90	0.88
2006—2010	274.93~297.20	288.08	327.95~348.01	338.89	0.81~0.88	0.85

注：1991年以后渔获量和捕捞力量不包括远洋渔业的数量。

我国政府非常重视渔业资源的保护工作，1979年2月国务院颁布了《水产资源繁殖保护条例的通知》〔国发（1979）34号〕。1986年1月颁布了《中华人民共和国渔业法》。1980年4月浙江省水产局发文《关于机帆船底拖网、定置张网、灯光围网等作业实行禁渔期、开捕期的通知》〔渔政（1980）第28号〕。1989年1月浙江省政府颁布了《浙江省渔业管理实施办法》。1995开始，农业部对东海、黄海海域实施伏季休渔制度，东海区休渔时间从2个月逐渐扩大到3个月，休渔海域从27°00′—35°00′N扩大到26°00′—35°00′N；休渔作业从底拖网、帆张网扩大到桁杆拖虾网、灯光围网等作业。自1999年开始实施海洋捕捞零增长措施，2001年开始实施海洋捕捞渔民转产转业的措施，从2001—2010年10年间，海洋捕捞产量稳定在300×10^4 t左右，海洋捕捞渔船数也逐年有所减少，从2001年3.5万多艘下降到2009年2.5万多艘，减少了近1万艘（表5-1-4）。从捕捞效率看，自20世纪90年代中期开始，单位捕捞努力量渔获量逐年有所提高，至21世纪初单位捕捞努力量渔获量回升到0.81~0.90 t/kW。

（四）传统的主要经济鱼类资源衰退，渔获组成发生变化

早在20世纪50年代，捕捞强度不大，海域渔业自然资源丰富，渔业资源的主体是大黄鱼、小黄鱼、带鱼和曼氏无针乌贼四大渔产，占海洋捕捞总产量的50%~60%。当时高龄鱼多，年龄序列长，大黄鱼最高年龄为29龄，小黄鱼最高年龄17龄，带鱼最高年龄7

龄，群体结构稳定，渔业资源结构属自然演替下来的原始结构类型。20 世纪 60—70 年代，随着捕捞技术进步，捕捞强度加大，无限制地强化对四大渔业资源的捕捞，四大渔产占海洋捕捞量达到 60%～70%，大大地超过资源本身的承受能力。自 70 年代中期开始资源出现衰退，尤其是大黄鱼、小黄鱼、曼氏无针乌贼资源数量直线下降，至 80 年代末，大黄鱼、小黄鱼、乌贼三者产量只占海洋捕捞总产量的 1.2%，在原来的渔场捕不到鱼，渔汛也消失了。90 年代以来实施底拖网、帆张网伏季休渔制度，使带鱼、小黄鱼、鲳鱼等资源数量增多，但鱼体低龄化、小型化严重，其生物学特征也出现了资源衰退的现象。由于四大渔业资源衰败，70 年代中期开发了外海马面鲀资源，同时发展了灯光围网作业，利用了鲐、鲹等上层鱼类资源，80 年代又开发了外海的虾蟹类资源，90 年代初开发了外海的头足类资源。因此，自 80 年代以后至 21 世纪初，虾蟹类、鲐、鲹鱼类、头足类、带鱼（80%以上为当龄鱼）和马面鲀成为海洋捕捞的主体，占海洋捕捞总量的 60%～65%（表 5-1-6）。

表 5-1-6　浙江省主要经济种类渔获量组成历年变化　　　单位:%

年份	总渔获量	大黄鱼	小黄鱼	带鱼	乌贼	鲳鳊	鲐鲹	马面鲀	海鳗	马鲛	虾类	梭子蟹	海蜇	鱿鱼
1953	100	16.88	4.87	11.28	6.69	—	—	—	—	—	—		—	—
1956	100	17.47	9.80	19.38	10.48	2.77	—	—	0.28		17.96		5.22	—
1959	100	14.42	3.63	21.53	13.42	1.08	—	—	0.05		13.27		3.59	—
1963	100	7.03	2.76	36.91	10.08	0.93	—	—	0.03		23.23		1.65	—
1966	100	16.83	2.08	33.83	9.72	1.61	—	—	0.09		14.95		6.23	—
1969	100	15.87	1.49	41.77	9.33	0.02	0.76	—	0.01		—		3.42	—
1973	100	14.25	1.02	44.44	3.04	2.10	0.88	—			12.99	2.26	3.56	—
1976	100	13.20	2.26	33.13	3.59	2.07	0.35	18.12			9.62	1.26	0.22	—
1979	100	5.38	0.81	36.71	8.47	2.61	4.74	1.35	—	0.30	8.82	2.74	0.11	—
1983	100	1.13	0.71	35.06	3.04	2.32	7.23	3.38	0.75	0.55	17.40	3.84	0.21	—
1986	100	0.28	0.28	27.28	1.40	2.97	6.05	9.46	1.67	0.93	20.66	5.25	0.11	—
1989	100	0.03	0.28	21.40	0.92	2.63	4.00	12.02	1.30	1.78	21.19	4.71	0.10	—
1993	100	0.01	0.93	24.13	2.80	1.97	6.08	0.68	1.63	1.01	27.95	3.72	0.28	1.09
1996	100	0.36	1.87	19.47	1.25	3.24	3.98	1.47	2.03	0.92	20.55	6.49	0.24	4.23
1999	100		2.59	17.69	1.91	4.04	2.58	1.01	2.23	2.28	22.21	3.67	0.18	3.92
2003	100	0.10	2.29	16.90	1.33	4.04	7.22	0.56	2.65	0.20	19.66	3.66	0.11	7.18
2006	100	0.03	2.23	16.06	1.06	4.18	7.82	1.44	2.18	2.21	20.40	4.49	0.10	7.52
2009	100	0.01	2.30	16.58	0.84	4.62	8.70	1.04	2.81	2.35	20.91	4.33	0.10	2.43

第二节　主要经济种类的资源利用状况

一、"四大渔产"的资源利用状况

浙江渔场传统的主要经济种类大黄鱼、小黄鱼、带鱼、曼氏无针乌贼，俗称"四大渔产"，历来是浙江省重要的捕捞对象。20 世纪 70 年代以前，"四大渔产"占海洋捕捞总产量的 50%~60%，高的年份占 70%左右。但由于不合理利用，在高强度的捕捞压力下，小黄鱼、大黄鱼、曼氏无针乌贼先后衰退，渔汛消失，带鱼虽然维持在较高的产量，但鱼体小型化、低龄化严重，渔场分散，浙江渔场"四大渔产"的优势也随之下降。"四大渔产"占海洋捕捞总产量，从 70 年代平均 56.7%，到 80 年代前 5 年下降至 39.0%，80 年代后期下降至 25%。由于政府采取积极的养护措施，保护产卵场，保护幼鱼以及伏季底拖网、帆张网等休渔措施，自 90 年代以后，带鱼、小黄鱼数量有所增加，但大黄鱼、曼氏无针乌贼资源仍未得到恢复。根据浙江省渔业生产统计资料，各鱼种的资源利用状况如下。

（一）小黄鱼 *Pseudosciaena polyatis*

20 世纪 50 年代至 60 年代初，东海的小黄鱼资源丰富。1957 年产量最高，东海区为 10×10^4 t；浙江省为 5.3×10^4 t，占东海区产量的一半。但由于不合理利用，60 年代中期开始，资源出现衰退，1964 年浙江小黄鱼产量只有 8 000 t，以后在低水平上波动，至 80 年代末降至最低点，只有 1 000 t。占海洋捕捞总产量，从 1957 年的 11.2%，下降到 1989 年只有 0.2%，渔汛消失。由于小黄鱼资源衰退，其生物学特性也发生变化，加速生长，提早性成熟，如 80 年代初次性成熟的体长比 50 年代小 20 mm，1 龄鱼的性成熟比例从 50 年代的 5%，至 80 年代提高到 40%。这是资源衰退后出现的生物种群自身的调节机制。自 80 年代初开始，政府采取保护小黄鱼产卵场措施。经过 10 多年的保护，自 90 年代初以后小黄鱼数量有所增长，浙江省小黄鱼产量 1995 年上升到 3.3×10^4 t，2000 年达到 10×10^4 t，2001—2010 年保持在 7×10^4~9×10^4 t 之间（图 5-2-1）。但是小黄鱼的渔获群体以当龄鱼为主；平均体长 15 cm，体重 50 g 左右，而且以捕越冬群体为主。这说明，小黄鱼资源还未得到真正恢复，还必须加强保护和管理。

（二）大黄鱼 *Pseudosciaena crocea*

大黄鱼是东海重要的经济种，东海区最高年产量为 19.6×10^4 t（1974 年），当年浙江省的年产量为 16.8×10^4 t，占东海区的 85%。20 世纪 50—60 年代是东海大黄鱼资源丰富

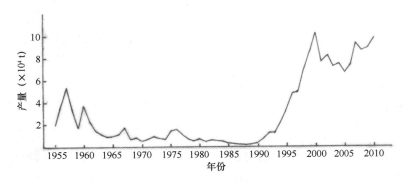

图 5-2-1　浙江省小黄鱼产量历年变化

期，虽然因受敲罟作业的影响，1963 年产量曾一度下降，但因资源基础好，禁止敲罟后，资源得到恢复，产量回升快，1967 年浙江省年产量达到 14.8×10⁴ t。20 世纪 70 年代中期，因大规模利用浙江外海大黄鱼越冬场，从根本上破坏了大黄鱼的资源基础，产量直线下降。浙江省年产量，从 1974 年的 16.8×10⁴ t，1978 年降至 5.8×10⁴ t，1985 年只有几千吨，80 年代末只有几百吨。占海洋捕捞总产量从 1967 年的 24.5%，下降到 1989 年只有 0.03%。大黄鱼资源已遭严重破坏，至今得不到恢复（图 5-2-2）。

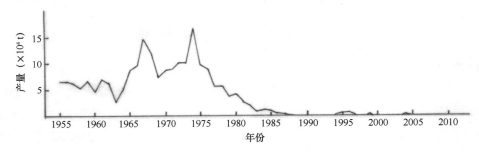

图 5-2-2　浙江省大黄鱼产量历年变化

（三）带鱼 *Trichiurus haumela*

带鱼是东海重要的经济鱼种。1990 年以前，东海区最高年产量为 52.8×10⁴ t（1974 年），当年浙江省为 34×10⁴ t，占东海区产量的 64%；1974 年以后产量开始滑坡，全省产量在 20×10⁴～30×10⁴ t；1989 年降至低谷，只有 19.5×10⁴ t。自 1989 年开始，实施产卵带保护区，并开发外海的带鱼资源，1995 年开始实施伏季底拖网和帆张网休渔措施。自 20 世纪 90 年代以后，带鱼产量增长较快，从 1990 年的 24×10⁴ t，1995 年上升到 58×10⁴ t，超过历史最高水平，2000 年达到 65×10⁴ t（图 5-2-3）。但是带鱼产量的增长，并不意味着带鱼资源的好转，带鱼个体小型化、低龄化严重，冬汛捕捞群体当龄鱼的比例从 1967 年的 20.5%，1982 年上升到 59.3%，90 年代前期平均为 71.1%，90 年代后期平均达到

78.2%。可见，带鱼捕捞群体以当龄的补充群体为主，带鱼产量的增长靠强化捕捞获得，带鱼资源处在生长型的过渡捕捞状态。

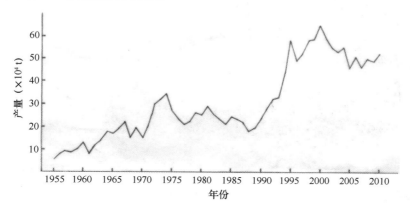

图 5-2-3　浙江省带鱼产量历年变化

（四）曼氏无针乌贼 *Sepiella maindroni*

曼氏无针乌贼在东海区主要产于浙江渔场。历史上最高年产量，东海区为 7×10^4 t（1979 年），当年浙江省为 6×10^4 t，占东海区的 86%。从图 5-2-4 可以看出，曼氏无针乌贼年际间波动较大。20 世纪 70 年代后期，由于高强度的捕捞压力和不合理利用，如春夏汛机帆船在产卵场外围拦捕产卵群体，提早利用乌贼的补充群体，杀伤幼乌贼等，致使 80 年代初以后，曼氏无针乌贼资源急剧衰退。1980 年浙江省产量为 5.8×10^4 t，1985 年降至 1.5×10^4 t，80 年代末只有几千吨（图 5-2-4）。渔汛消失，曼氏无针乌贼资源至今得不到恢复。

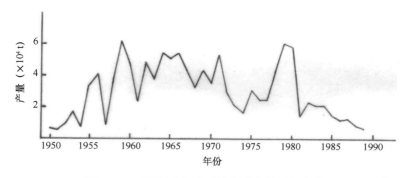

图 5-2-4　浙江省曼氏无针乌贼产量历年变化

从上述看出，浙江渔场传统的"四大渔产"，在高强度的捕捞压力下，资源都出现衰退，至 20 世纪 80 年代末跌到低谷。由于政府及时采取养护和合理利用等措施，使带鱼、小黄鱼的资源数量，自90年代初以来得到较快增长，但鱼体小型化严重，产量的增长靠强化捕捞获得，资源状况尚未得到根本好转。大黄鱼和曼氏无针乌贼资源，自衰败后至今得不到恢复。从总体上讲，对传统的"四大渔产"的管理、养护和资源恢复的任务还相当艰巨。

二、经济鱼类资源的利用状况

除了上述提到的小黄鱼、大黄鱼、带鱼外，作为渔业主要捕捞对象的鱼类还有鲳鱼、鳓鱼、海鳗、马鲛鱼、马面鲀、鲐、鲹鱼、白姑鱼、石斑鱼等，其资源利用状况如下。

（一）鲳鱼

鲳鱼包括银鲳（*Pampus argenteus*）和灰鲳（*Pampus cinereus*），是浙江渔场主要的经济鱼种。20世纪50年代中期至90年代初，浙江省年产量一般为 $1×10^4 \sim 2×10^4$ t，高的年份为 $3.5×10^4$ t（1987年），占东海区鲳鱼年产量（ $6.3×10^4$ t）的56%。90年代中期以后，鲳鱼产量增长较快，从1994年的 $3×10^4$ t，到1995年增长至 $7.6×10^4$ t，1998年突破 $10×10^4$ t，2002年达到 $14.5×10^4$ t的最高水平，2003—2010年波动在 $12×10^4 \sim 13×10^4$ t之间（图5-2-5）。鲳鱼数量的增长，与伏季休渔对鲳鱼产卵群体和幼鱼的保护有重要的关系。另外，捕捞强度加大，帆张网作业规模的扩大，渔场向外拓展也使捕捞产量增加。鲳鱼数量的增长说明鲳鱼的资源状况有所好转，但鱼体小型化、低龄化仍存在，单位捕捞努力量渔获量仍在下降，其资源基础仍比较脆弱。

图5-2-5　浙江省鲳鱼产量历年变化

（二）鳓鱼 *Ilisha elongata*

20世纪70年代以前，浙江省鳓鱼最高年产量为 $1.0×10^4$ t（1974年），以后一直呈下降趋势。70年代后期为 $6\,000 \sim 7\,000$ t，80年代降至 $3\,000 \sim 4\,000$ t，1995—1996年曾一度有所上升，达到 $7\,000 \sim 9\,000$ t，1997年以后又呈下降趋势，年产量只有 $4\,000 \sim 5\,000$ t，

2006 年开始又呈上升趋势，至 2010 年达到 $1.16×10^4$ t，鳓鱼资源波动较为明显（图 5-2-6）。

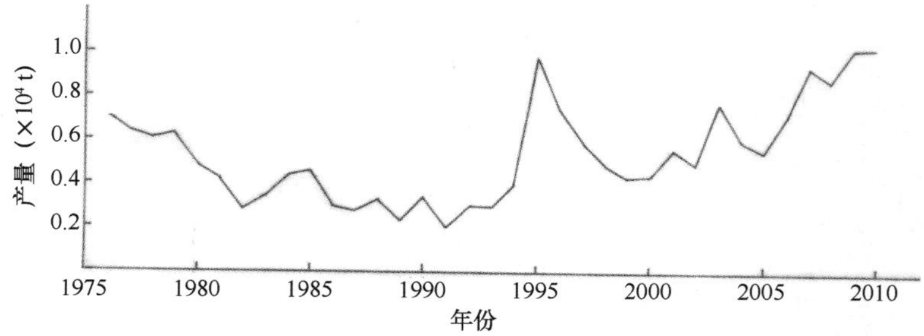

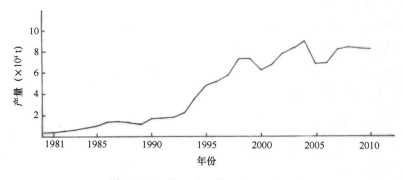

图 5-2-6　浙江省鳓鱼产量历年变化

（三）海鳗 *Muraenesox cinereus*

海鳗属暖水性近底层鱼类，对环境的适应能力较强，是浙江渔场重要的经济种之一。因其集群性较差，分布零散，没有明显的渔汛期，渔场分布较广，浙江海区几乎全年都可捕获，是底拖网、虾拖网、帆张网、流钓作业等兼捕的对象。20 世纪 50 年代中期至 60 年代末，浙江省海鳗产量较低，在 1 000 t 以下。自 80 年代初开始呈上升态势，从 1981 年的 3 900 t 至 1990 年的 $1.65×10^4$ t；90 年代增长最快，从 1991 年的 $1.79×10^4$ t，1999 年达到 $7.38×10^4$ t，2004 年上升到 $9.0×10^4$ t，为历史最高水平；2005—2010 年稳定在 $8×10^4$ t 左右（图 5-2-7）。

图 5-2-7　浙江省海鳗产量历年变化

（四）马鲛鱼

浙江渔场马鲛鱼主要为蓝点马鲛（*Scomberomorus niphonius*），为暖水性中上层鱼类，是重要的经济种之一，是流刺网作业主要的捕捞对象，也为拖网、围网、定置张网作业所兼捕。20 世纪 70 年代末至 80 年代末期，浙江省马鲛年产量在 $1×10^4$ t 以下，90 年代前期波动在 $1×10^4$ ~ $2×10^4$ t，1996 年以后产量有较快增长，从 1997 年的 $4×10^4$ t，到 1998 年上

升至 $7×10^4$ t，1999—2010 年波动在 $7×10^4$ ~ $8×10^4$ t（图 5-2-8）。

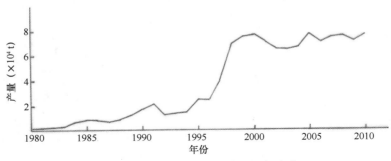

图 5-2-8　浙江省马鲛鱼产量历年变化

（五）马面鲀

马面鲀主要为绿鳍马面鲀（*Thamnaconus septentrionalis*），也有部分黄鳍马面鲀（*Thamnaconus hypargyreus*），分布于浙江外海，捕捞季节主要在冬春季，是 20 世纪 70 年代中期开发的外海底层鱼类资源，是国营渔轮和群众大型渔船的捕捞对象。在开发的前 20 年中，主要捕捞绿鳍马面鲀，产量较高，东海区最高年产量 $22.7×10^4$ t（1987 年）。浙江省年产量在 $10×10^4$ t 以上的年份有 1976 年、1987 年和 1989 年（图 5-2-9），占东海区年产量的 50% 左右。自 90 年代初开始，绿鳍马面鲀资源急剧衰退，1993 年降到几千吨，1994 年以后以捕黄鳍马面鲀为主。绿鳍马面鲀资源开发利用 20 年后就开始衰退，其原因主要是高强度的捕捞压力，不合理利用等，如开发初期集中捕捞产卵群体，80 年代又追捕了产卵洄游的群体，严重破坏了产卵群体的数量和产卵场的生态环境。80 年代末又到越冬场捕捞越冬群体，破坏了补充群体的资源数量，使绿鳍马面鲀在繁殖、生长和补充各个环节都受到影响，从而加剧了资源的衰败。

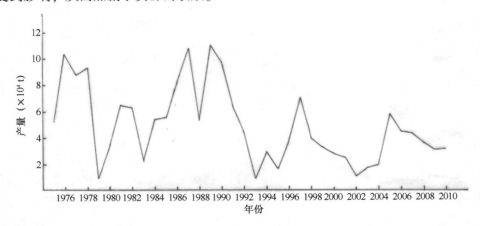

图 5-2-9　浙江省马面鲀产量历年变化

（六）鲐、鲹鱼

鲐、鲹鱼指日本鲐（*Scomber japonicus*）和蓝圆鲹（*Decapterus maruadsi*），属上层鱼类，是国营渔轮和群众灯光围网作业重要的捕捞对象。自 20 世纪 60 年代中期和 70 年代初，福建、浙江分别试验灯光围网作业成功后，东海丰富的鲐、鲹鱼资源得以开发利用。东海区的鲐、鲹鱼产量从 70 年代平均年产量 $6.5×10^4$ t，至 80 年代上升到 $19.4×10^4$ t，90 年代达到 $36.8×10^4$ t，2004 年达到 $53×10^4$ t。浙江省的鲐、鲹鱼产量从 70 年代平均年产量 $1.2×10^4$ t，至 80 年代上升到 $4.9×10^4$ t，90 年代为 $8.1×10^4$ t，21 世纪初平均为 $22.5×10^4$ t，最高的 2008 年达到 $29.5×10^4$ t（图 5-2-10），占东海区产量的 50% 左右。浙江省鲐、鲹鱼主要为国营公司渔轮围网和拖网作业所利用，秋季也为群众灯光围网作业所捕捞。尤其是 80 年代，群众灯光围网作业发展迅速，平均每年投产 303 组，平均作业年产量 $2.8×10^4$ t，高的年份达到 350 组，作业产量 $4.2×10^4$ t，是群众灯围发展的全盛时期。但自 80 年代末开始，群众灯围作业开始萎缩，投产船组逐年减少，1994 年降至 10 组，作业产量只有 2 500 t。其原因除了灯围作业易受气象、海况影响，生产不稳定外，主要是灯围作业一次性投入大，作业时间短，渔获物深加工未突破，鱼价低，劳动强度大，人员组合多等，相对比较效益下降，因此，大批渔船转向线外捕带鱼，制约了灯围生产的发展。但是东海上层鱼资源还是丰富的，从舟山市蚂蚁岛乡渔民 90 年代初坚持灯光围网生产取得的效益可看出，机帆船灯光围网平均组产量和组产值逐年都有提高，从 1991 年的平均组产量 168 t、组产值 19 万元，至 1995 年上升到 1 059 t、产值 162 万元，高的组产 1 520 t、产值 237 万元，劳均分配 4.2 万元，投入产出比为 1∶5.8（表 5-2-1）。东海区国有渔业公司的拖网、围网捕捞鲐、鲹鱼的产量也在逐年提高，如上海、舟山、宁波、江苏四大公司的鲐、鲹鱼产量，70 年代初只有几千吨，80 年代初上升到 $2×10^4$~$5×10^4$ t，90 年代初达到 $7×10^4$~$9×10^4$ t。鲐、鲹鱼在总渔获量中比重也逐年提高，70 年代初在 5% 以下，80 年代初上升到 10%~20%，90 年代初达到 40%~60%（表 5-2-2），产量高的公司如宁波、江苏公司已达到 70%~90%，这一事实反映出东海鲐、鲹鱼资源是丰富的。90 年代后期，由于远洋渔业的发展，国营公司多数渔轮转向远洋生产，而这一时期集体企业和群众钢质渔船发展迅速，采用疏目拖网捕捞鲐、鲹鱼已开始产生效益，如浙江省椒江市 330 对钢质渔船，1995 年 9—11 月使用疏目拖网总产量达 $6.2×10^4$ t，产值 2.25 亿元，其中鲐、鲹等上层鱼类达 $2.1×10^4$ t，占总产量的 34.2%。以捕上层鱼为主的渔船，单产达 300~400 t，比底拖网作业同期增长 40% 左右。鲐、鲹等上层鱼资源基础较好的事实，已成为渔民群众的共识，并且成为 90 年代后期作业调整的主要捕捞对象，自 1996 年以后，群众灯光围网作业得到恢复和发展，至 2000 年已达 150 多艘，这将促进鲐、鲹鱼资源的进一步开发利用。

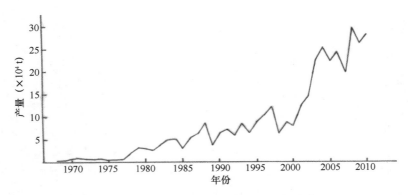

图 5-2-10　浙江省鲐、鲹鱼产量历年变化

表 5-2-1　20 世纪 90 年代初舟山蚂蚁岛乡机帆船灯光围网生产效益比较

年份	组数		产量（t）			产值（万元）			效益（万元）			投入产出
	双围	单围	总产	平均	最高	总值	平均	最高	成本	收入	分配	
1991	17		2 861	168	295	321	19	36				
1992	15		2 547	169	248	303	20	31	15	5.3	0.18	1∶1.4
1993	9		2 141	238	345	411	49	82	15	33.6	1.03	1∶3.2
1994	5		1 712	342	279	565	113	125	22	91.5	3.05	1∶5.3
1995	8		8 475	1 059	1 520	1 297	162	237	28	134.2	4.20	1∶5.8
		5	1 619	324	405	258	52	64	13	38.9	2.59	1∶4.1

表 5-2-2　20 世纪 70—90 年代中期东海区国营渔业公司鲐、鲹鱼产量历年变化

单位：t,%

年份	合计		沪渔		舟渔		宁渔		苏渔	
	产量	占总产百分比	产量	占总产百分比	产量	占总产百分比	产量	占总产百分比	产量	占总产百分比
1970	1 911	1.8	1 787	2.0	17	0.4	54	0.7	53	0.7
1976	4 943	3.2	2 865	3.1	402	1.9	697	3.5	979	4.7
1980	22 715	8.8	13 469	8.6	1 615	3.8	3 193	12.9	4 438	12.7
1986	43 814	15.8	26 204	20.4	5 614	7.3	4 980	14.7	7 016	19.1
1987	24 148	7.1	—	—	8 417	9.5	5 713	16.5	5 886	16.2
1988	79 813	35.3	42 689	38.1	11 362	20.9	13 529	46.1	12 233	40.3
1989	76 811	25.2	43 140	31.5	8 792	11.0	11 352	35.5	11 563	32.5
1990	74 227	28.3	33 956	30.9	17 920	22.0	10 881	32.4	11 470	30.7

续表

年份	合计		沪渔		舟渔		宁渔		苏渔	
	产量	占总产百分比	产量	占总产百分比	产量	占总产百分比	产量	占总产百分比	产量	占总产百分比
1991	97 146	42.6	43 020	41.7	22 416	37.0	16 479	47.1	15 231	52.0
1992	74 405	37.8	25 718	47.1	15 031	21.1	15 398	55.9	11 809	59.6
1993	83 509	58.1	25 882	58.1	18 360	35.7	24 233	79.8	15 034	86.4
1994	71 971	61.4	20 590	47.9	14 770	57.1	20 022	69.6	16 589	84.9
1995	85 434	47.4	25 068	53.9	6 496	9.7	27 407	77.5	26 443	93.1

资料来源：东海区海洋渔业统计资料（1970—1995）。

（七）白姑鱼

白姑鱼是浙江渔场主要的经济种之一，分布于浙江近海渔场，是底拖网作业重要的兼捕对象，有重要的经济价值。过去很少有产量统计资料，21世纪初以来，产量有上升趋势。浙江省年产在 $4×10^4 \sim 5×10^4$ t，2010 年达 $5.96×10^4$ t。

（八）石斑鱼

浙江渔场的石斑鱼主要有青石斑（*Epinephlus awoara*）和赤点石斑（*E. akaara*）是名贵的海产经济鱼类，经济价值很高。石斑鱼常栖息于沿海岛礁和珊瑚礁丛中，或在石砾海区的洞穴中，不作长距离洄游，属区域性较强的定居性岛礁鱼类，主要为钓业所捕捞。浙江省一般年产量几百吨，好的年份达 1 000 t 左右（图 5-2-11）。

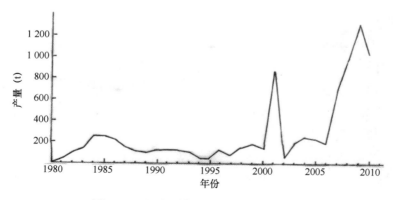

图 5-2-11　浙江省石斑鱼产量历年变化

三、甲壳类的资源利用状况

（一）虾类

虾类的利用历史较长，早在 20 世纪 50—70 年代，当时海洋渔业资源丰富，优质鱼类多，虾类只作为兼捕对象，以定置张网和小拖船作业为主，利用的对象是分布在沿岸水域和近海的广温低盐种类和广温广盐种类，如中国毛虾（*Acetes chinensis*）、细螯虾（*Leptochela gracilis*）、脊尾白虾（*Exopalaemon carinicauda*）、安氏白虾（*Exopalaemon annandalei*）、周氏新对虾（*Metapenaeus joyneri*）、哈氏仿对虾（*Parapenaeopsis hardwickii*）、细巧仿对虾（*Parapenaeopsis tenella*）、葛氏长臂虾（*Palaemon gravieri*）、中华管鞭虾（*Solenocera crassicornis*）等，其中以中国毛虾产量最高。1976—1979 年浙江省年产量为（3～6）×10^4 t，占东海区年产量的 50%～60%，近海、外海的虾类资源未得到开发利用。从 70 年代末至 80 年代中期，是专业拖虾发展时期，这一时期，因传统的主要经济鱼类资源出现衰退，尤其是东海传统的四大渔产——大黄鱼、小黄鱼、带鱼、曼氏无针乌贼资源衰退，渔业资源结构发生变化，促使作业结构进行调整，开始发展拖虾作业。浙江省嵊泗县嵊山镇是发展小机帆船拖虾作业最早的单位，1977 年仅有小机帆拖虾船 27 艘、虾产量 59 t，至 1984 年小机帆船发展到 322 艘、虾产量 2 259 t，1986 年达到 3 169 t（表 5-2-3），占全镇渔业总产量的 63%。小机帆船拖虾作业的发展及其显著的效益，促进了全省一批大型机帆船投入拖虾作业，从而促使东海桁杆拖虾作业的兴起和发展。这一时期拖虾渔场主要集中在东海北部近海，即长江口渔场和舟山渔场一带海域，利用对象主要有哈氏仿对虾（*Parapenaeopsis hardwickii*）、葛氏长臂虾（*Palaemon gravieri*）、中华管鞭虾（*Solenocera crassicornis*）、鹰爪虾（*Trachypenaeus curvirostris*）等广温广盐种类。自 20 世纪 80 年代中期至 21 世纪初期为桁杆拖虾作业发展盛期，这一时期随着外海虾类资源调查的开展，开发了新的虾类资源和渔场，拖虾渔场北部扩大到舟外、江外、沙外渔场，南部扩大到鱼山、温台和闽东渔场外侧海域，捕捞凹管鞭虾（*Solenocera koelbeli*）、大管鞭虾（*S. melantho*）、高脊管鞭虾（*S. alticarinata*）、假长缝拟对虾（*Parapenaeus fissuroides*）、须赤虾（*Metapenaeopsis barbata*）、长角赤虾（*M. longirostris*）等高温高盐种类。由于渔场扩大，捕捞品种增加，大大促进了全省拖虾渔业的发展，拖虾渔船从 1984 年的 2 000 多艘，至 1994 年发展到 6 000 余艘，全省的虾类产量从 1984 年的 14×10^4 t 至 1994 年增长至 52×10^4 t，增长 2.7 倍，至 1999 年虾类产量达到 73×10^4 t，为历史最高值（图 5-2-12）。21 世纪初期以后为拖虾作业调整巩固时期，这时期为保护和合理利用虾类资源，政府对拖虾作业实施休渔措施，自 2003 年开始实行 1 个月的休渔期，时间从 6 月 16 日至 7 月 16 日，2006 年起休渔时间延至 2 个月，从 6 月 16 日至 8 月 16 日（后改为 6 月 1 日至 8 月 1 日）。

通过休渔措施，保护了部分虾类的幼虾，增加了虾类补充群体的资源数量，使虾类年产量稳定在 $60×10^4$~$70×10^4$ t 的水平。在传统主要经济鱼类资源衰退情况下，虾类已成为海洋捕捞新的增长点，对减轻带鱼等主要经济鱼类的捕捞压力，发展海洋捕捞业起重要作用，同时促进了虾类加工产业和贸易业的发展，产生明显的经济效益和社会效益。

表 5-2-3　嵊山镇 1977—1984 年拖虾单位和产量

项目	1977 年	1978 年	1979 年	1980 年	1981 年	1982 年	1983 年	1984 年
小机帆船（艘）	27	79	129	143	152	167	192	322
虾类产量（t）	58.7	114.5	114.5	276.1	616.1	864.2	1 014.9	2 258.5

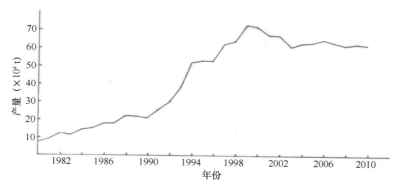

图 5-2-12　浙江省虾类产量历年变化

（二）蟹类

20 世纪 90 年代以前，浙江省主要利用三疣梭子蟹（*Portunus trituberculatus*）资源，70 年代平均年产量为 $1.7×10^4$ t，80 年代平均年产量增长到 $4.3×10^4$ t，进入 90 年代开发利用了细点圆趾蟹（*Ovalipes punctatus*）、锈斑蟳（*Charybdis feriatus*）、武士蟳（*C. miles*）、日本蟳（*C. japonica*）、光掌蟳（*C. riversandersoni*）等，使蟹类的总产量年平均达到 $10.8×10^4$ t，最高年份为 1996 年，达到 $16.8×10^4$ t（图 5-2-13）。21 世纪初，蟹类年产量波动在 $12×10^4$~$15×10^4$ t。捕捞蟹类的渔具主要是流网、蟹笼，也为底拖网、拖虾网、张网所兼捕。梭子蟹流网是传统的捕捞作业，20 世纪 70 年代曾一度衰退，80 年代中期以后得到恢复和发展，全省有流网船 4 000 多艘。蟹笼是 90 年代初发展起来的专业捕蟹渔具，目前全省有蟹笼作业船只 1 000 多艘船，蟹笼具 160 多万只。作业渔场过去主要集中在长江口、浙江北部近海，90 年代以来向东扩展到 125°00′E 以东海域，北至济州岛西南海域，南至闽东渔场。利用对象除了传统的三疣梭子蟹外，开发利用了细点圆趾蟹、锈斑蟳、武士蟳、光掌蟳等新的蟹类资源，使经济蟹类得到充分利用。

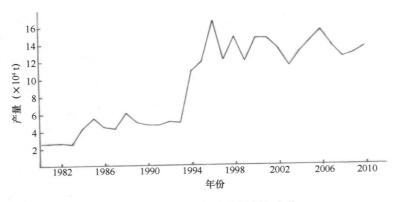

图 5-2-13   浙江省蟹类产量历年变化

（三）虾蛄

东海虾蛄科有 22 种，数量最多的为口虾蛄（*Oratosquilla oratoria*）。口虾蛄是底拖网、桁杆拖虾网和定置张网作业兼捕的对象。在渔业资源丰富的年代，兼捕到的虾蛄作为低杂渔货处理，渔民称"虾蛄烂虫"，也没有产量统计。随着传统主要经济鱼类资源出现衰退，小型经济鱼虾类资源也受到人们的重视，同时自 20 世纪 90 年代后鲜活水产品市场的发展，虾蛄作为鲜活水产品之一，身价也倍增。据浙江省海洋与渔业局渔业统计资料，2003 年浙江省虾蛄年产量为 3.45×10^4 t，2004—2010 年为 $5 \times 10^4 \sim 6 \times 10^4$ t，最高年份为 6.86×10^4 t（2010 年）。

四、头足类的资源利用状况

头足类资源包括无针乌贼、有针乌贼、柔鱼、枪乌贼、章鱼等。浙江传统的"四大渔产"之一的曼氏无针乌贼，于 20 世纪 80 年代末已衰退，渔汛消失，自 90 年代初以后，发展了单拖作业，开发了外海渔场其他的头足类资源，温州的苍南县、台州的温岭县是发展单拖作业最早的地区，如苍南县 1993 年有单拖 184 艘，作业产量 14 000 t，其中头足类 7 364 t，1994 年单拖船发展到 357 艘，作业产量 27 049 t，其中头足类 9 395 t。温岭县 1993 年有单拖船 115 艘，作业产量 1 040 t，1995 年单拖船增加至 528 艘，产量 53 688 t，至 1998 年全省有单拖渔船 2 320 艘，作业产量达到 34.7×10^4 t。由于单拖的发展，促进了外海渔场头足类资源的开发利用，使全省的乌贼产量（包括金乌贼、虎斑乌贼、目乌贼、神户乌贼、珠乌贼等有针乌贼类）得到回升，从 1991 年的 1×10^4 t，至 1993 年上升到 3.8×10^4 t，1994 年达到 6.6 万吨（表 5-2-4）。同时还开发了外海的剑尖枪乌贼（*Loligo edulis*）和太平洋褶柔鱼（*Todarodes pacificus*）资源。另外远洋渔业的发展，开发了对马海域至日本海的太平洋褶柔鱼和北太平洋的巴氏柔鱼（*Ommastrephes bartrami*）、西南大西洋的阿根廷滑柔鱼（*Illex argentinus*），使全省的鱿鱼（柔鱼、枪乌贼的统称）产量增长很快，从 1991 年、1992 年的几千吨，至 1995 年上升到 10×10^4 t，2000 年达到 22×10^4 t，2008 年上升到 28.9×10^4 t 的最高纪录。在开发浙江渔场头足类资源时，还捕获到较多的章鱼，包括长蛸（*Octopus variabilis*）、短蛸（*Octopus ocellatus*）、真蛸（*Octopus vulgaris*）等，2003—2010 年年产量在 3×10^4 t 左右，最高为 3.5×10^4 t（2010 年）。由于有针乌贼类、柔鱼、枪乌贼和章鱼的开发利用，使浙江头足类的总产量，从 1991 年的 1.5×10^4 t，到 1995 年增加了 10 倍，达到 15.4×10^4 t，2000 年又翻了 1 番，达到 29.5×10^4 t，2008 年上升到 35.6×10^4 t 的最高水平（图 5-2-14），其中远洋渔业为 22.1×10^4 t，占 62.3%，浙江渔场为 13.4×10^4 t，占 37.7%。头足类资源的开发利用，已成为 90 年代海洋捕捞业新的增长点，对促进捕捞业的发展起到重要的作用。

表 5-2-4　浙江省头足类产量历年变化　　　　　　　　　　　　　　单位：t

年份	头足类总产	乌贼	鱿鱼		章鱼
			合计	其中：远洋	
1991	14 606	10 387	4 219	223	—
1992	19 359	12 453	6 906	2 500	—
1993	53 358	38 358	15 000	8 366	—
1994	92 735	65 941	26 794	18 860	—
1995	154 300	50 400	103 900	44 432	—
1996	142 386	32 593	109 793	56 796	—
1997	209 509	46 550	162 959	80 071	—
1998	180 160	65 470	114 690	72 917	—
1999	235 735	63 213	158 186	97 090	—
2000	295 284	53 219	224 062	151 140	—
2001	260 836	54 487	185 883	120 120	—
2002	280 865	50 109	215 269	144 337	—
2003	296 056	41 857	225 405	166 640	27 694
2004	351 224	50 641	267 011	205 355	32 565
2005	286 116	34 210	222 500	163 586	28 071
2006	305 846	33 781	239 194	171 406	28 869
2007	346 831	35 976	277 121	202 673	28 566
2008	355 508	28 989	288 986	221 684	30 251
2009	245 605	25 149	192 988	120 306	27 468
2010	292 796	27 541	230 540	147 002	34 715

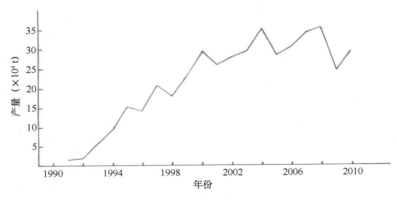

图 5-2-14　浙江省头足类产量历年变化

五、海蜇的资源利用状况

海蜇（*Rhopilema esculentum*）是沿岸渔业重要的捕捞对象，其资源利用历史悠久，晋代张华的《博物志》中就有生产和食用的记载，宋代沈与求描写海蜇生态的诗曰"出没沙咀如浮罂，复如缁笠绝两缨，混沌七窍具未形，块然背负群虾行"；明代李时珍《本草纲目》中对海蜇药用有详细的记载。海蜇不仅是久负盛名的佳肴，而且可供药用，故海蜇生产历代相沿不衰。中华人民共和国成立后，20世纪50年代至70年代中期，是海蜇生产的盛期，虽然有年际间波动，但低产年份延续时间短，自1954年至1975年的22年中，平均年产量为 1.56×10^4 t，最高年份为 3.5×10^4 t（1960年、1966年），占东海区最高年产量 5.4×10^4 t 的65%。自1976年以后，由于浙南海蜇群体资源衰退，浙江海蜇产量大幅下降，从1976年至1992年，平均年产量只有1 500 t，最低的年份只有几百吨（图5-2-15）。海蜇资源衰退的原因主要为密张网对幼蜇的损害，根据黄鸣夏等（1987）报道，每年春季南自福建的诏安湾，北至江苏的吕泗洋，密眼张网严重地捕杀伞径10 cm以下的稚、幼蜇。在杭州湾，分布在该区张网数为8 700顶，6月共损害幼蜇 10.1×10^7 只。另外，海洋环境污染也是造成海蜇资源衰退的重要原因。赵传细等（1983）在《杭州湾环境污染对渔业影响》一文中指出："杭州湾的水质含重金属铜、锌、汞和油类的量都超过渔业水质标准"。刘士忠（1985）在"铜、锌、汞和机柴油等毒物对海蜇碟状体急性毒性试验报告"中，也认为铜、锌、汞对碟状体可能存在一定程度的影响，同时渔民也反映，海蜇长不大，伞径变小，边缘出现腐烂现象。1993—1999年杭州湾海蜇群体产量有一定回升，达到5 000 t左右，但2000—2010年又下降到2 000~3 000 t，在低水平上波动。浙南群体的海蜇资源仍未得到恢复。

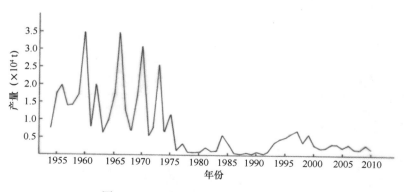

图 5-2-15 浙江省海蜇产量历年变化

第六章　渔业资源调查研究和渔业管理

第一节　渔业资源调查研究

　　渔业资源调查是为渔业生产服务，也为渔业行政管理部门提供决策参考，是发展渔业生产的一项基础性工作。一般渔业资源调查根据调查的目的要求，可分为综合性、专题性和开发性的资源调查等。浙江省自20世纪50年代以来进行过多项较大规模的渔业资源调查工作，编写了较多的渔业资源调查报告，取得显著的成果，为渔情预报、渔业资源的繁殖保护、新渔场新资源的开发利用、资源增殖放流、休渔期的制订等渔业管理决策提供了科学依据。

一、综合性、专题性的资源调查研究

　　20世纪50年代：中华人民共和国成立初期，浙江省组织水产资源调查队于1951年7月对浙江重点渔区进行调查。由浙江省农林厅水产局、中央实验所（现中国水产科学院黄海水产研究所）、上海水产专科学校（现上海海洋大学）10多人组成的舟山群岛渔业调查组，对舟山的渔业概况、捕捞状况、水产加工、水产资源和水产经济进行了调查。在舟山群岛综合调查基础上，1952年7月至1953年7月又对宁波、台州、温州等地区进行调查，并分别给出调查报告。

　　1956年3—5月浙江省水产局会同温州专署水产局、水产部水产实验所（现黄海水产研究所）、上海海洋大学，进行浙江南部沿海水产资源调查。调查内容包括鱼类、头足类和甲壳类的分布，大陈渔场海况和乌贼等几种重要经济种类的洄游分布，底层生物资源勘察等。

　　20世纪60年代：为了适应渔业生产不断发展的需要，根据东海水产资源调查委员会关于调查东海渔业资源的精神，1960年3月在浙江省科学技术委员会和浙江省水产厅的领导下，成立了浙江省水产资源调查委员会，组成由省内外13个协作单位，共70余人的专业调查队，开展了较大规模的浙江近海渔业资源调查。参加的单位有浙江省水产厅、浙江省海洋水产研究所、中国科学院海洋研究所、浙江动物研究室、舟山水产学院、浙江省气象局、浙江省海洋水产研究所温州分所、温州市水产科学研究所、宁波市水产科学研究

所、温州水产学校、杭州大学、浙江医科大学、宁波海洋渔业公司等。调查时间从 1960 年 3 月至 1961 年 3 月；调查范围包括 27°30′—31°30′N，机轮禁渔区线以内的群众渔业渔场，共设 75 个海洋水文和生物观测站，开展每月一次的周年性调查。调查内容有水文（水温、盐度、水色、透明度、潮流等）、海洋气象（天气、气温、风力、风向、气压、湿度、能见度等）、海洋生物（浮游生物、底栖生物）以及主要捕捞对象的生物学基础。承担海上调查任务的调查船有：浙江省海洋水产研究所的浙研 101、102 轮和 501、502、503、504、505 机帆船；宁波海洋渔业公司的浙渔 103、104、205、206 渔轮；中国科学院海洋研究所的海鹰轮等。

通过全年的外业调查和分析研究，完成了《浙江近海渔业资源调查报告》和《浙江近海渔捞海图》。在调查报告中，报道了经分析鉴定的鱼类 220 种，隶属于 15 目 90 科；对浙江近海鱼类的分布特征，鱼卵和仔鱼的分布状况，重要经济鱼类食性研究，主要经济鱼类和无脊椎动物的生物学基础，浮游生物和底栖生物的分布状况，海洋水文特征，海底沉积物和渔业资源概况等都进行专题论述。在渔捞海图中，编绘了渔捞对象分布、鱼卵分布及生物学资料图 160 幅；海洋地质、海洋水文、海洋气象图 63 幅；浮游生物、底栖生物数量分布及主要种类分布图 191 幅，共计 414 幅。为进一步研究浙江海洋渔业资源奠定了坚实的基础，为以后的渔业发展提供了科学依据。

20 世纪 70 年代：为了落实时任总理周恩来同志对调查海洋鱼类资源、发展渔业生产的重要指示，1970 年 7 月由浙江省海洋水产研究所 20 余名科技人员组成 6 个小组，开展浙江近海上层鱼类资源普查，完成了鲐鱼、蓝圆鲹、竹荚鱼、马鲛鱼、鳀鱼、鲔鲣、鳓鱼、金色小沙丁鱼资源调查报告。1971 年 6 月，由浙江省水产局，舟山、宁波、台州、温州地区（市）水产局，宁波海洋渔业公司，浙江舟山海洋渔业公司，浙江省海洋水产研究所及温州分所组成浙江省鱼类资源调查领导小组，组织 40 余名科技人员和宁波渔业公司围网船一组，开展主要经济鱼类资源调查，进行大规模的社会调查和上层鱼类探捕调查。经过 4 个月的调查整理，完成《浙江近海鱼类资源调查报告》。

20 世纪 80 年代：1980 年 7 月，东海区渔业指挥部在上海召开"东海区大陆架渔业自然资源调查和区划"会议，决定组建由东海区渔业指挥部，苏、沪、浙、闽水产局组成的领导小组和由东海水产研究所，江苏、浙江、福建水产研究所组成科技协作组，开展东海区大陆架渔业资源调查和区划，会议制订了重点鱼种、重点渔场的调查计划。通过 6 年的调查研究，对 34 种鱼类、头足类、虾蟹类进行了生物学调查，对 12 种鱼类进行标志放流，并进行渔场水文和浮游生物调查，撰写了 94 篇论文报告，并为中日渔业谈判及农牧渔业部决策提供资料。最后于 1985 年完成《东海区渔业环境调查报告》《东海区渔业资源调查报告》《东海区渔业区划报告》，共计 96 万字。浙江省海洋水产研究所有 20 余名科技人员参加了该项调查研究，主要完成了带鱼、大黄鱼、三疣梭子蟹的专题报告，单独完成了曼氏无针乌贼、海蜇、鲔鲣的专题报告。课题于 1986 年获全国农业区划委员会科研成果二等奖。

同时，浙江省海洋水产研究所还承担由农牧渔业部水产局和浙江省水产局下达的"浙江省大陆架渔业自然资源调查和区划"课题。参加该课题工作的有 27 位科技人员，调查船 4 艘，共进行 140 航次调查，拖网试捕 656 次，主要经济鱼类生物学测定 2.25 万尾，无脊椎动物生物学测定 2.1 万尾，经济鱼类幼鱼测定 1 万尾，年龄鉴定 1.16 万尾，水文观测 1 025 站次，浮游生物采集 1 110 站次，张网渔获物分析 518 批次。经过分析研究，撰写了《浙江省大陆架渔业自然资源调查综合报告》《海洋鱼类资源调查报告》《海洋无脊椎动物资源调查报告》《海洋定置张网渔业调查报告》和《浙江海洋渔业区划》报告，较全面系统地阐述了浙江省海洋渔业资源的现状和问题，为渔业管理和可持续发展提供科学依据。

20 世纪 80 年代中后期，农业部东海区渔业指挥部下达"东海群系带鱼资源变动和管理技术的研究"课题，被列入农业部的重点科技项目，浙江省海洋水产研究所为课题主持单位，东海水产研究所、江苏水产研究所为参加单位，执行期限为 1986—1989 年。课题进行了带鱼生物学补充调查、幼鱼数量分布调查和冬汛渔场调查。采集了带鱼产卵群体、索饵群体和越冬群体的生物学样本共计 18 000 尾，开展 8 个航次的幼鱼生物量调查和 21 个航次的冬汛渔场水文调查，放试验网 191 次，发布冬汛带鱼全汛预报 4 次，现场渔情趋势预报 17 次，为当前生产做了大量服务工作。课题论证了带鱼生长加速的特征，改进资源评估方法，提出制订带鱼可捕量的方法和标准，得出亲体与补充量的关系，从理论上确立了保护带鱼亲体的意义。1987 年完成了《产卵带保护的建议方案》，经上报国务院批准，于 1989 年作为我国渔业单项法规贯彻执行。课题成果获农业部科技进步二等奖、国家科学技术进步三等奖。

20 世纪 90 年代：根据〔1988〕国科发办字 133 号《关于开展全国海岛资源综合调查和开发试验的通知》，1990 年浙江省成立海岛资源综合调查领导小组，由浙江省水产局负责并组成省、地（市）有关单位参加的海洋生物调查组，承担调查任务的有国家海洋局第二海洋研究所，浙江省海岛办公室及温州、台州、宁波、舟山海岛办公室，杭州大学，浙江水产学院，浙江省海洋水产研究所，浙江省海洋水产养殖研究所等。调查时间为 1990 年至 1992 年，调查范围北起花鸟岛，南迄南麂岛，对海岛潮间带及周围海域的微生物、浮游植物、浮游动物、鱼卵仔鱼、底栖生物、潮间带生物、游泳生物以及叶绿素 a 和初级生产力八个专题进行综合调查，共记录海洋生物种类 2 296 种，其中浮游植物 224 种、浮游动物 198 种、鱼卵仔稚鱼 57 种、底栖生物 509 种、潮间带生物 769 种、游泳生物 539 种，1993 年完成了《浙江省海岛生物资源调查报告》。

20 世纪 90 年代中期浙江省科学技术委员会下达重点科技计划项目"带鱼群体结构变动和完善资源管理技术的研究"，课题研究内容延续了 1991 年农业部下达的《东海外海与近海带鱼的关系及其资源合理利用的研究》和 1991 年浙江省水产局下达的《带鱼资源利用对策研究》。课题主持单位为浙江省海洋水产研究所，参加单位有中国水产科学研究院东海水产研究所、江苏省海洋水产研究所，起止时间为 1996—1998 年。课题开展带鱼资源状况和生物学基础的调查研究，研究了东海外海和近海的带鱼种群的归属问题，摸清了东海带鱼的群体结构现状、变动趋势及与资源变化的关系，过度捕捞致使东海带鱼群体鱼体小型化，年龄结构简单，资源基础脆弱，应加大保护力度。该项目还研究了环境因子变化和带鱼补充群体之间的关系，建立了东海带鱼补充群体数量预测和冬汛带鱼渔获量预报模式。首次进行东海带鱼限额捕捞研究，为渔业管理提供技术支撑。提出带鱼"东海、黄海伏季休渔方案"已被国家采纳实施。该项目获浙江省科学技术奖二等奖，国家海洋局海洋创新成果二等奖。

20 世纪 90 年代后期，经国务院批准，由国家四部（国家海洋局、农业部、地矿部和信息产业部）组成的海洋勘测专项开始启动，该专项中的生物资源调查项目"中国专属经济区海洋生物资源与环境调查"，下设六个课题。"东海区虾蟹资源调查与研究"是六个课题之一，由东海区渔政渔港监督管理局承担，浙江省海洋水产研究所为课题组长单位，协作单位有江苏、福建省水产研究所和东海水产研究所，执行期限为 1997 年至 2001 年。课题根据我国专属经济区和大陆架勘测专项生物资源调查项目工作计划和实施方案的总体要求，开展东海区虾蟹类的专业调查、监测调查和历史资料的整理研究。至 2001 年完成了 4 个季度的海上专业调查，调查范围为 26°00′—33°00′N，127°00′E 以西海域共 115 个调查站位，总拖网 460 次，完成拖虾监测调查 2 769 网次，蟹笼、流网、单拖监测调查 1 503 网次。共测定主要经济虾类 4.95 万尾，主要经济蟹类 1.31 万尾，完成 40 万字的《东海区虾蟹资源调查与研究》报告，绘制主要经济虾蟹类数量分布图 95 幅，向国家海洋局信息中心汇交海上专业调查原始数据总记录个数 6 689 个，有效数据量 175 318 个，向农业部渔业局 HY126-02 项目提交 15 万字的东海区虾蟹资源调查报告和 95 幅虾蟹数量分布图，作为项目出版专著和图集的内容之一。2002 年项目和课题通过国家海洋勘测专项技术专家组验收，为我国专属经济区海域的划界研究，虾蟹类资源的合理开发和科学管理，提供可靠的图件和资料。项目于 2006 年获国家科技进步二等奖、中国水产科学研究院科技进步特等奖。

21 世纪初：浙江省科技厅下达"东海渔业资源利用状况及合理利用对策研究"课题，实施时间为 2001—2002 年，由浙江省海洋与渔业局、浙江省海洋水产研究所、浙江海洋学院、浙江省渔业指挥部办公室以及舟山、台州、宁波等市海洋与渔业局承担，沿海重点海洋渔业县（市）主管部门、水产技术推广站和部分渔业生产单位参加。成立了以省海洋与渔业局领导为组长、有关处室和沿海四地市海洋与渔业局局长为成员的课题工作领导小组，负责指导、协调全省调查研究工作。采用面上调查与选点调查相结合，分析整理历史资料和渔区社会补充调查相结合，突出重点兼顾一般，经过两年的努力，收集了调查数据 65 万个，绘制 590 余张产量产值分布图，建立了相应的数据库。完成了《东海渔业资源状况及合理利用对策研究》报告和《东海渔业生物资源利用状况研究》《东海区捕捞作业渔场及资源利用变动情况》《浙江省海洋捕捞作业结构、渔获品种和数量变动情况》《中日、中韩渔业协定对浙江渔业的影响》《东海渔业资源合理利用和养护对策研究》五篇专题调查研究报告。为我国与周边国家海域划界谈判提供基本资料，并为东海区渔业资源的合理利用与养护提供决策依据。课题成果获浙江省科学技术奖三等奖，国家海洋局海洋创新成果二等奖。

2005年，浙江省科技厅下达"浙江南部外海渔业资源生态容量与作业方式研究"课题，由浙江海洋学院实施，协作单位为苍南县海洋与渔业局，执行年限为2005—2007年，2006年该项目又被浙江海洋与渔业局列为海洋开发项目（浙江南部外海渔业资源调查与作业方式研究），执行时间为2006—2008年。项目采取海上大面定点调查与群众作业生产动态监测调查相结合，调查海域为26°00′—28°00′N，121°00′—126°00′E，设18个调查站位，完成了5月、9月、11月和2月四个航次底层单拖网调查。通过调查研究，查明了浙江南部外海渔业资源的群落结构、种类组成、数量分布以及经济种类的生物学特征，评估了海区的资源量和可捕量，研究合适的渔具和渔法等。课题完成后，出版了《浙江南部外海渔业资源利用与海洋捕捞作业管理研究》一书。

2007年，国家科技部下达"东海区重要渔业资源调查及名优水产增养殖关键技术研究与示范"项目。该项目是"十一五"国家科技支撑计划的重要科技项目，项目组织单位为浙江省科学技术厅，承担单位有浙江海洋学院、浙江省海洋开发研究院、浙江省海洋水产研究所、浙江省海洋水产养殖研究所、中国水产科学研究院东海水产研究所、中国海洋大学、宁波大学、浙江省水产技术推广总站、浙江万里学院等。项目下设9个课题（表6-1-1），重点突破了渔业资源调查和评估，名优新养殖种类研究与开发，集约化、标准化与数字化养殖技术体系构建与应用等共性关键技术，集成浅海、围塘和滩涂健康高效养殖，渔业资源增殖放流与养护，负责任捕捞等产业化示范技术，为东海区渔业资源的科学管理与利用、名优水产增养殖的可持续发展奠定基础。项目完成了东海区初级生产力和重要渔业资源资源量的评估，计算和评估了渔场渔业自然资源总蕴藏量和可捕量，完成了7个名优种类的人工繁育和养成技术，筛选了东海区标准化、数字化养殖关键技术参数，构建了主要种类养殖智能管理决策系统和环境动态跟踪与预警系统，完成海区浅海、围塘、滩涂高效健康养殖技术示范，研制了鱼虾贝类标志放流技术，完成大黄鱼、曼氏无针乌贼等18个种类的增殖放流，开发白沙岛等天然岛礁、人工鱼礁、人工藻场和鱼-贝-藻多元生态海洋牧场养殖技术和设施，研制了东海区选择性桁杆拖虾网装置，研发了3种拖网幼鱼释放装置以及鱼虾分隔装置，构建了负责任捕捞技术体系。项目累计突破22项关键技术，研制51种新工艺、新装置，申请专利112项，完成论文166篇，制定标准37个，出版科技著作3部。项目共建立了51个名优类繁育、浅海、围塘、滩涂养殖及增殖放流和养护示范基地，已累计繁育名优种类苗种2 071万尾，示范养殖114 294亩，放流大黄鱼、曼氏无针乌贼等种类苗种 69 932 万尾（粒），建立 8 个天然岛礁、人工鱼礁、海藻场和海洋牧场，经济和社会效益显著。项目于 2011 年获浙江省科学技术奖一等奖。

表 6-1-1 "十一五"国家科技支撑计划项目（2007BAD43B00）下设立的课题

课题编号	课题名称	课题承担单位
2007BAD43B01	东海区主要渔场重要渔业资源调查与评估	浙江海洋学院
2007BAD43B02	东海区名优种类增殖放流技术开发与示范	浙江省海洋水产研究所
2007BAD43B03	东海区重要渔业资源养护工程技术研究与示范	浙江省海洋水产研究所
2007BAD43B04	东海区负责任捕捞技术研究与示范	中国水产科学研究院东海水产研究所
2007BAD43B05	东海区名优增养殖新种类研究与开发	浙江海洋学院
2007BAD43B06	东海区集约化标准化与数字化养殖技术体系构建与应用	中国海洋大学
2007BAD43B07	东海区浅海健康高效养殖技术开发与示范	浙江海洋学院
2007BAD43B08	东海区围塘虾蟹健康高效养殖技术开发与示范	浙江省海洋开发研究院
2007BAD43B09	东海区滩涂贝类健康高效养殖和质量安全技术开发与示范	浙江省海洋水产养殖研究所

"东海区主要渔场重要渔业资源的调查与评估"为"十一五"国家科技支撑计划项目的 1 号课题，课题起止时间为 2007—2010 年，课题对 26°00′—35°00′N，127°00′E 以西海域 150 个站位开展 2 月、5 月、8 月、11 月四个航次调查，调查内容包括底层鱼类、中上层鱼类、虾蟹类和叶绿素、有机碳、浮游动物、浮游植物及相关的海洋环境数据。进行底层鱼类主要种类、上层鱼类主要种类、虾类主要种类资源量和渔业资源总蕴藏量评估，开展鱼类营养级、食物网研究，编写了《浙江省海洋鱼类志》和《东海区海洋渔业资源可持续利用对策研究报告》，发表研究论文 6 篇。

2014 年浙江海洋学院以该项目前三个课题的调查研究成果为主，综合近 10 年来东海渔业资源调查、渔业资源养护和渔业资源管理三大领域，以"东海区重要渔业资源可持续利用关键技术研究与示范"申请国家科学技术进步奖，获得国家科学技术进步二等奖。获奖单位有浙江海洋学院、中国水产科学研究院东海水产研究所、浙江省海洋水产研究所、福建省水产研究所、江苏省水产研究所、农业部东海区渔政局等单位。

21 世纪 00 年代后期还开展了"浙北沿岸产卵场调查及渔业资源保护区选划"课题，其目的是合理利用海洋生物资源，保护海洋生物资源的再生条件，建立沿岸产卵场和索饵场保护区，保护和恢复渔业资源的再生能力，该课题于 2008 年由浙江省科技厅下达，由浙江省海洋水产研究所承担，执行年限为 2008—2010 年。课题开展了带鱼、小黄鱼、鲳鱼等主要经济鱼类鱼卵仔鱼、水文环境和浮游动、植物调查，调查范围为 28°15′—31°00′N，机轮禁渔线内海域，调查时间为 2008 年 4 月、5 月、6 月和 2009 年 4 月、8 月。经过调查研究，完成了浙北沿岸水域重要经济鱼类仔稚鱼的群落结构、种类组成和数量分布、主要经济鱼类产卵场及仔稚鱼索饵场分布及其生态环境、鱼卵及仔稚鱼生物学特征等的研究报告，保护区的划分与选址建议，建立了浙北沿岸水域海洋生物资源动态数据库，发表论文8篇。

二、开发性的资源调查研究

（一）鲐、鲹等上层鱼类资源的开发调查研究

1957年定海沥港两艘流网船在海礁东至花鸟东北一带试捕鲐、鲹鱼，平均单产10.25 t。1958年浙江省海洋水产研究所在洋安渔场捕获15 t鲐、鲹鱼。1964—1965年该所又与有关单位在28°40′—30°30′N，128°15′E以西海域开展上层鱼类资源调查，进行海面鱼群观察，探鱼仪探测和试捕，并进行海洋水文、气象和浮游生物调查，为开发利用鲐、鲹鱼类资源迈出可喜的一步。

1970年浙江省有组织地开展灯光围网捕捞鲐、鲹鱼试验，1971年成立试捕调查队，从1970—1977年试捕工作取得突破性进展，群众机帆船在试捕和生产实践中，逐步掌握了海礁渔场秋冬季鲐、鲹鱼洄游分布规律，捕捞操作技术也日臻完善。1970年宁波渔业公司灯光围网船组也投入试捕鲐、鲹鱼生产，1978年又开展围网作业攻关，试制安装动力滑车，改装网具，采用"瞄准捕捞"技术，使开发外海鲐、鲹鱼渔场获得成功。同年在小黑山、济州岛、大沙渔场捕捞鲐、鲹鱼6 036 t，盈利36.91万元。1980年以后，该公司又开发了东海中南部渔场和对马五岛渔场，1987年又将渔场推至日向礁西北海域，取得丰收。

为了进一步开发利用浙江近海鲐、鲹等上层鱼类资源，1978年浙江省科技厅、省水产局下达"扩大夏秋季浙江鲐、鲹渔场的研究"课题，研究时间为1978—1980年，由浙江省海洋水产研究所承担，舟山海洋渔业公司参加。课题采用渔场调查和生产探捕相结合，研究了夏秋季鲐、鲹鱼的分布移动，渔场环境与鱼群结群的关系，成果应用于生产，使夏秋季鲐、鲹鱼资源得到较好利用。1980年与1977年相比，渔场扩大3倍，作业船组从28组增加到295组，产量从2 750 t增加到2.5×10⁴ t。1983年课题获农牧渔业部技术改进二等奖。

1981年为了进一步利用其他上层鱼类资源，在浙江省水产厅组织下，浙江省海洋水产研究所"东海"号调查船和温岭县两对对网机帆船开展了舵鲣的探捕调查，初步积累了夏秋季浙江渔场舵鲣的分布，起群习性和渔场环境等方面的资料。

在"扩大夏秋季浙江鲐、鲹渔场研究"的基础上，为了进一步利用鲐、鲹等上层鱼类资源，1987年农业部下达"东海北部渔场鲐、鲹等上层鱼类进一步开发利用和渔情预报"课题，由浙江省海洋水产研究所承担，浙江水产学院、舟山市水产局参加，执行年限为1987—1990年。课题对29°00′—32°00′N，124°30′E以西海域进行17次水文和浮游生物调

查，幼鱼发生量调查 590 有效网次，发布全汛预报 4 期，阶段预报 10 期，有效地指导渔业生产，使灯光围网渔业扩大了渔场，延长了作业时间，达到增加产量的预期目的。课题成果获农业部科学技术进步三等奖。

进入 20 世纪 90 年代，由于传统的底层鱼类资源衰退，渔业资源结构发生变化。为了贯彻 1990 年浙江省水产工作会议精神，改善捕捞格局，调整作业结构，利用鲐、鲹等上层鱼类资源，并制订了 1991—1993 年灯光围网丰收计划。为配合全省机帆船灯光围网丰收计划实施，1991 年浙江省水产局下达了"浙江渔场鲐、鲹鱼资源利用研究"课题，由浙江省海洋水产研究所、浙江水产学院、舟山市水产局共同承担。课题执行期间，开展了鲐、鲹幼鱼发生量调查、渔场探捕调查、水文环境和浮游生物调查、渔况调查和鱼体生物学测定等工作，提出渔汛期渔况、海况预报，为浙江省灯围丰收计划顺利实施发挥重要作用，完成了《浙江渔场鲐、鲹鱼资源利用研究报告》和 6 篇专题研究报告，在浙江水产学院学报以专辑形式发表。课题获 1996 年浙江省科学技术进步三等奖，灯围丰收计划获 1992 年度和 1993 年度省政府颁发的渔业丰收一等奖各一项。

（二）外海马面鲀资源的开发调查研究

1974 年早春浙江省机帆船在温台渔场捕"回头带"时捕到大批马面鲀。1975—1979 年浙江省海洋水产研究所组织力量开展渔场环境和生物学基础调查研究，对 27°00′—29°00′N，121°00′—124°30′E 进行 10 次水文调查，标志放流马面鲀 11 700 余尾（回捕 100 尾），生物学测定 6 000 尾，总结分析了马面鲀的洄游分布规律、鱼发特点、操作技术等指导生产，1978 年浙江省马面鲀产量达到 7.25×10^4 t，成为当时仅次于带鱼的重要渔业资源。

1979 年起，温台渔场马面鲀资源急剧变动，产量下降，引起有关方面关注，1980 年东海区渔业指挥部和浙江省水产局决定设立"东海绿鳍马面鲀资源调查研究"课题，由舟山海洋渔业公司承担。课题进一步开发了外海马面鲀资源，包括钓鱼岛海域的产卵场、济州岛附近的越冬场和外海过路鱼群的资源，并为公司创造明显的经济效益，1980—1982 年盈利 660 余万元，该研究成果 1983 年获浙江省优秀科技成果三等奖。

（三）近外海虾类资源的开发调查研究

1973 年全省海洋渔业工作会议提出"扩大新渔场，开发新资源，捕捞新品种"。舟山地区水产局决定舟山捕捞队机帆船进行拖虾试捕，并由浙江水产学院和省海洋水产研究所协作进行，经过 50 d 的试捕，表明舟山渔场虾类资源丰富，可以开发利用。1978 年浙江水产学院承担了机帆船拖虾试验任务，1981 年在无架桁拖网基础上，设计了一桁两网的有架虾拖网，在嵊泗县试验并推广。

20 世纪 80 年代初在浙江省大陆架渔业资源调查期间，对 28°30′—31°00′N，60 m 水深以浅海域进行虾类资源调查，共获 25 种，以哈氏仿对虾、鹰爪虾、中华管鞭虾、葛氏长臂虾为主，占虾类总量的 83.3%。提出浙江近海虾类的利用和保护意见，全省虾类产量，从 1981 年的 9.1×10^4 t 至 1985 年增加到 15.3×10^4 t。

20 世纪 80 年代后期，随着桁杆拖虾作业的发展，取得显著的经济效益，但作业渔场局限于沿岸和近海内侧海域，渔场拥挤，网产量下降。为了适应拖虾渔业的发展，扩大拖虾渔场，合理利用虾类资源，1986 年浙江省水产局下达了"浙江近海虾类资源调查"课题，1988 年又承接了农业部水产局下达的"东海外侧海区大中型虾类资源调查和渔具渔法研究"课题，两课题合在一起进行，期限为 1986—1990 年。课题由浙江省水产局组织领导，浙江省海洋水产研究所为主持单位，温岭、洞头、定海、嵊泗、象山 5 县（区）水产局参加。组织 10 艘群众拖虾生产船，进行不定点的边调查边生产边试验，并得到舟山海洋渔业公司的大力支持。共完成 238 航次，2 817 网次调查，分析虾类调查样品 586 批，其中拖虾调查样品 467 批，张网作业虾类样品 119 批，测定 10 余种主要经济虾类 3.6 万余尾。通过调查，全面了解浙江渔场虾类的种类组成，数量分布的时空变化，主要种类的繁殖、生长等生物学特性，发现了外海群体数量较多，经济价值较高的凹管鞭虾（*Solenocera koelbeli*）、大管鞭虾（*Solenocera melantho*）、高脊管鞭虾（*Solenocera alticarinata*）、假长缝拟对虾（*Parapenaeus fissuroides*）、须赤虾（*Metapenaeopsis barbata*）、长角赤虾（*Metapenaeopsis longirostris*）等高温高盐种类的虾类资源和渔场，作为重点开发的对象，促进了全省拖虾渔业的发展，大大增加了虾类产量。1990 年全省虾类产量达到 21×10^4 t，比 1985 年的 15.3×10^4 t 增长了 40%，1995 年产量达到 53×10^4 t，比 1990 年又增长了 152%。为海洋捕捞业找到一条新的出路，减轻了带鱼的捕捞压力，也填补了东海外海虾类资源调查的空白。课题首次评估东海北部虾类资源量和可捕量，对虾类的生态类群进行划分，并提出划区管理的建议方案，为东海虾类资源的合理利用和管理提供科学依据。多囊袋拖虾渔具改革试验，增产效果明显，且减少吸沙、吃泥及破网事故发生，渔获鲜度高，得到广泛推广。完成了《浙江近海及外侧海区虾类资源调查报告》及《浙江中南部外海的虾类资源》等多篇专题报告。课题于 1992 年获浙江省科学技术进步三等奖。

1990 年以后，在东海区渔政局和浙江省海洋与渔业局的大力支持下，浙江省虾蟹类资源动态监测调查每年都在继续进行，在总结历年资源调查和监测调查基础上，出版虾蟹类著作两部，发表虾蟹类研究论文 30 余篇。尤其是 1997 年分析了东海拖虾渔业发展的现状和问题，提出设立拖虾休渔期的建议，为渔业管理部门制订管理决策提供科学依据。2014 年由浙江海洋学院牵头，以"东海虾蟹类资源调查及其在渔业管理中的应用"申报科技进步奖，2014 年获浙江省科学技术进步奖三等奖；2015 年获国家海洋局海洋科学技术奖一等奖；中国水产科学研究院科技进步奖一等奖。

（四）外海头足类资源的开发调查研究

由于传统的曼氏无针乌贼资源衰退，为了开发利用外海新的头足类资源，发展本省海洋捕捞业，1994 年浙江省水产局下达了"浙江渔场及邻近海域头足类资源调查与开发研究"课题，1995 年根据浙江省科委浙科技发〔1995〕55 号文件通知，将该课题列入浙江省重点科技攻关项目，研究年限自 1995 年 1 月至 1997 年 12 月，由浙江省水产局海洋处和浙江省海洋水产研究所承担，协作单位有苍南县水产局、温岭市水产局、玉环县水产局。浙江省水产局自始至终组织协调本课题工作，课题采取科研、行政和渔民相结合，进行边调查、边研究、边开发利用的技术路线，组织 6 艘单拖渔船，对 25°30′—33°30′N，128°00′E 以西海域，进行两周年的探捕调查。查明了浙江渔场及邻近海域头足类的种类组成，主要种类数量分布的时空变化，洄游分布与海洋环境的关系，提出将浙江中南部外海群体数量较多、经济价值较高的剑尖枪乌贼、太平洋褶柔鱼、有针乌贼类、章鱼等，作为重点开发的对象，促进了本省对头足类资源的开发利用，产生明显的经济效益和社会效益，1997 年全省头足类产量达到 13.9×10⁴ t，比 1993 年的 4.5×10⁴ t 增长了两倍，产值增长 10 亿元，成为 20 世纪 90 年代后期至 21 世纪初海洋捕捞新的增长点。课题完成后，撰写了《浙江渔场及邻近海域头足类资源调查报告》和 6 篇专题报告，出版著作 1 部。1999 年获浙江省渔业科技进步一等奖，同年获省科学技术进步三等奖。

三、渔情预报

（一）春夏季大黄鱼渔情预报

1959 年夏季，浙江省海洋水产研究所根据 1956—1958 年对岱衢洋、大戢洋大黄鱼产卵场的调查资料，开始对大黄鱼生殖群体进行渔情预报，1960 年扩大到大目洋、猫头洋大黄鱼产卵场的渔情预报，1963 年大黄鱼产卵场渔情预报列入国家科委水产科技十年规划，并达到预期的目标。20 世纪 70 年代后期，大黄鱼资源急剧衰退，至 80 年代中期，该项工作就停止进行。

大黄鱼渔情预报分全汛预报和阶段预报两种，1959—1963 年全汛预报主要依据历年渔场调查统计资料和汛期渔场水温的变动趋势，通过渔汛前期海况调查、鱼群侦察、鱼体测定的生物学资料，结合渔民群众的生产实践经验，进行综合分析而编制。1964—1978 年的全汛预报主要运用大黄鱼世代数学分析方法，阐述大黄鱼的资源状况，根据天气预报进行渔场水温相关计算和汛前水温递增趋势预计，利用渔场水温由冬季型向夏季型过渡时间的迟早及大黄鱼性腺成熟情况对渔期进行估计。1979 年后采用数学模式对大黄鱼资源进行评估，并分析资源破坏的原因，提出保护和合理利用的意见。

大黄鱼阶段预报主要根据大面海况调查资料、气象资料、外海高盐水系对渔场的影响、渔场潮差的发展变化以及水温递增速度，并根据上阶段的生产动态、汛前鱼群侦察动态和鱼发中心，大黄鱼性腺成熟度、雌雄性比和鱼群的叫声等，进行综合分析，推断下阶段的鱼发中心和变化趋势。

（二）冬季带鱼渔汛渔情预报

1955—1957 年浙江省海洋水产研究所在对冬季嵊山渔场海况调查的基础上，结合渔民的生产经验，于 1958 年在全国率先开展冬季带鱼渔汛渔情预报工作。1958—1959 年仅限于嵊山渔场的预报，20 世纪 60 年代扩大到大陈渔场，至 80 年代，由于带鱼资源出现衰退，鱼群分散，渔场外移，就不局限于嵊山渔场和大陈渔场的预报，而开展浙江渔场带鱼全汛渔情预报。

带鱼渔情预报的方法，在全汛预报中的可能渔获量预计，采用机轮拖网秋汛单位渔获量与冬汛单位渔获量之间的一元回归方程、多元回归方程、非线性模型等方法。在阶段预报中用水温及水温递减作为带鱼适温分布和移动的指标。从 1963 年起，用盐度等值线，分析外海高盐水系和沿岸低盐水系消长变化作为带鱼分布、移动的指标。1974 年以后，用盐度为 34 的等盐线的变化作为带鱼分布和移动的指标。从 1962 年开始使用探鱼仪进行大面积的鱼群侦察，同时"东海"号调查船的投入使用使调查资料更加全面、迅速、准确，提高了预报的准确率。1958—1963 年《浙江近海带鱼、大黄鱼渔情预报方法的研究》，获 1979 年浙江省科技成果三等奖。1983—1986 年，浙江省海洋水产研究所承担的"计算机在冬汛带鱼渔场海况预报及资源管理上的应用"课题，在浙江省计算机研究所的协助下，共输入有效数据近 50 万个，建立了较为理想的冬汛带鱼渔获量预报的多元非线性回归预报方程，在国内渔获量预报中处于领先地位，获 1989 年浙江省科学技术进步三等奖。

（三）秋季鲐、鲹鱼渔汛预报

1978—1980 年，浙江省海洋水产研究所承担省科学技术委员会、省水产厅下达的"扩大夏秋汛浙江鲐、鲹渔场的研究"课题，开展了渔场水文调查，浮游生物调查，鲐、鲹幼鱼发生量调查和生产探捕调查，掌握了渔场水文、饵料生物环境和鲐、鲹鱼分布结群的关系，提出了分析渔情、预报中心渔场的指标，并采用灯光弦提网调查鲐、鲹幼鱼发生量，找到了较好的研究鲐、鲹鱼资源补充的调查方法，从 1978 年开始正式发布秋汛鲐、鲹鱼渔情预报，并发表了《浙江近海夏秋季鲐鲹渔场的研究》《秋汛舟山渔场的饵料基础及与鲐鲹鱼结群的关系》《秋汛浙北近海鲐鲹鱼与水文环境的关系》等学术论文。

1987—1990 年继续进行水文调查、饵料生物调查和幼鱼发生量调查，及时发出渔情预报，使科研成果及时转化为生产力，取得显著的经济效益。

为了配合全省灯光围网丰收计划的实施，1991—1994 年浙江省水产局下达了"浙江渔场鲐鲹鱼资源利用研究"课题，通过调查，进一步查明水系消长、温度、盐度变化规律与鲐、鲹渔场变化的关系；浮游生物的种类组成、数量分布与渔获量和中心渔场形成的关系。在沿岸冲淡水较弱，外海高盐水强盛，表层高、低盐水系交汇区明显，饵料生物量较高的海域，易形成围网作业中心渔场，否则渔场分散。本成果成功地指导了夏秋汛灯光围网生产，提高了预报准确率，扩大中、大条鲐、鲹鱼的利用，使灯围船组单位产量、产值明显提高。1993 年与 1990 年相比，单位产量增长 111.2%，单位产值增长 178%，取得显著的经济、社会和生态效益，对配合完成全省灯光围网丰收计划起到重要作用。

四、渔业资源动态监测

渔业资源是生物资源，除受自身生命活动因素影响外，还受环境因素、种间竞争和捕捞活动等多种因素的影响，资源是变动的。资源监测的目的旨在通过对某一种群的数量、生物学、环境和经济学监测等评估渔业资源动态和发展趋势，为渔业管理和生产部门提供决策依据。浙江省渔业资源动态监测站于 1987 年成立，是东海区渔业资源动态监测网的组成单位，受东海区渔政局和浙江省水产局的双重领导，实行双向服务，坚持为渔业生产和渔业管理服务的方针。具体工作由浙江省海洋水产研究所资源研究室承担。在监测网成立之初，主要收集和分析沿岸张网监测网点的资料，以后逐步扩大到各个鱼种的资源动态监测，包括带鱼、鲐、鲹鱼、虾蟹类、头足类和方头鱼等。监测的作业单位由单一的定置张网作业扩大到底拖网、灯光围网、桁杆拖虾网、帆张网等多种作业。监测海域由沿岸、近海扩大到外海，覆盖了整个浙江渔场。各个鱼种根据监测工作的需要，选择若干艘渔民生产船作为监测点，收集全年的生产监测数据和各生产航次的生物学测定样品，以便整理、分析资源动态。为了提高监测质量，渔业资源动态监测工作常与课题专题调查相结合，与渔汛生产相结合、与社会调查相结合、与增殖放流跟踪调查相结合。做到了既节省调查经费开支，又提高监测工作的质量和水平。

渔业资源动态监测是一项常规性的工作，自 1987 年开始至今二三十年来一直坚持不懈，每年都为东海区渔政局和浙江省水产局提供渔业资源动态监测报告和渔情分析，发布带鱼和上层鱼的渔情预报，提出伏季休渔管理方案、虾类的休渔管理措施等，为渔业生产和渔业管理服务做了大量工作。

第二节　渔业资源管理与修复

早在 1957 年国家水产部颁发了《水产资源繁殖保护条例（草案）》，由各地试行，1964 年国务院批转了这一条例，1979 年 2 月国务院正式颁布《水产资源繁殖保护条例》，1986 年 7 月 1 日开始实施《中华人民共和国渔业法》。渔业法规的颁布实施有利于国家和渔业行政管理部门对渔业经济实施有效的管理，有法可依，也是从事渔业经济活动的单位和个人必须遵守的行为准则。浙江省在贯彻落实渔业法规、保护和修复渔业资源中做了大量工作。

一、繁殖保护

（一）规定了保护品种和可捕规格

1981 年 11 月浙江省人大常委会颁布《浙江省海洋水产资源保护试行规定》，规定保护的主要经济鱼类有大黄鱼、小黄鱼、带鱼、鲳鱼、鳓鱼、鲐鱼、蓝圆鲹、鲻梭鱼、石斑鱼、海鳗、马鲛鱼 11 种；主要经济虾蟹类有哈氏仿对虾、鹰爪虾、中国毛虾、葛氏长臂虾、脊尾白虾、三疣梭子蟹、锯缘青蟹 7 种；贝类有蛏子、蚶子、牡蛎、贻贝、文蛤、江瑶 6 种；还有曼氏无针乌贼和海蜇共计 26 种。水生动物的采捕标准，一般以达到性成熟为原则。1981 年 11 月，浙江省水产厅在《关于认真贯彻执行〈浙江省海洋水产资源保护试行规定〉的通知》中规定，主要重点保护品种的最小可捕体重，大黄鱼为 200 g，小黄鱼为 100 g，带鱼为 125 g，乌贼为 75 g，鲳鱼为 150 g，鳓鱼为 200 g，幼鱼比重不得超过同鱼种的 25%。

（二）实施海洋捕捞的许可制度

为了合理利用渔业资源，保护渔业生产者的合法权益，维护生产秩序，促进生产发展，1980 年 4 月浙江省水产局根据《浙江省渔业许可制度暂行实施办法》规定，凡从事海洋水产品的捕捞单位，都必须取得渔业许可证后，方准进行生产。

（三）严禁使用损害水产资源的渔具、渔法

浙江省水产资源丰富，捕捞渔具渔法种类繁多，但有些渔具渔法损害水产资源严重，如敲䎎作业、炸鱼、电捕鱼、密张网等，尤其是敲䎎作业严重破坏大黄鱼资源。该作业 1956 年传入温州地区后，1958 年秋已被制止，但在 1960—1962 年又重新抬头。1962 年 9 月中共浙江省委转发了省水产厅关于禁止敲䎎作业、投毒炸鱼、电流击鱼、限制张网作业损害幼鱼的报告，1963 年 3 月省水产厅在全省水产工作会议上又强调严禁敲䎎作业，1964 年国务院颁布了《关于禁止敲䎎的命令》，使敲䎎作业得到制止。但是在 20 世纪 60 年代末至 70 年代初第三次掀起敲䎎作业的浪潮，严重破坏了浙南海域大黄鱼的资源基础，造成无可挽回的损失。1979 年国家颁布了《水产资源繁殖保护条例》，1981 年《浙江省海洋水产资源保护试行条例》规定，禁止制造和出售不合规定的渔具；主要渔具执行国家制定的最小网目尺寸；拖网不得使用双层囊网；取缔敲䎎和墨鱼笼作业；严禁电鱼、炸鱼、毒鱼，因此使渔业管理走上正常轨道。

（四）划定禁渔区和禁渔期

1. 机轮、机帆船底拖网禁渔区、禁渔期

为了保护我国沿海海域渔业资源，1955 年国务院发布《关于渤海、黄海、东海机轮拖网渔业禁渔区的命令》，规定自 39°33′N，124°00′E 至 27°00′N，121°10′E 19 个基点连线以西沿海海域为机轮拖网渔业禁渔区。

进入 20 世纪 60 年代，随着群众渔业机帆船的发展，机帆船在禁渔区内从事底拖网作业日益增多，对经济鱼类幼鱼损害较为严重，损害经济鱼类幼鱼占渔获量的比例一般达到 20% ~ 25%，夏季高的月份达 45%。1972 年 7 月浙江省革委会生产指挥部发出《关于严禁机帆船在禁渔线内进行大拖风作业的通知》，1979 年 6 月以地方法规的形式规定全年禁止机帆船底拖网作业在禁渔区内生产。同时规定禁渔区线外 7—9 月为机帆船的禁渔期，1981 年把禁渔期延至 10 月。1992 年《东、黄、渤海渔场安排规定》中规定，自 1992 年开始 27°00′—35°00′N 禁渔区线向东平推 30 n mile 为东线，东线以西海域 8—10 月禁止底拖网进入生产。

2. 大黄鱼禁渔区、禁渔期

1967 年 4 月浙江省水产厅《关于不捕进港大黄鱼座谈会纪要》规定，大黄鱼的禁渔海区为浪岗山至东福山连线以西的岱衢洋，东磨盘、南韭山、南渔山和东矶山 4 点连线以西的大目洋、猫头洋，禁渔期为农历三月二十二日至二十五日，四月初七至初十共 8 天。在上述禁渔区、禁渔期内，禁止机帆船对网、大围缯作业。1981 年《浙江省海洋水产资源保护试行规定》规定，在禁渔区线内，11 月 1 日至翌年 4 月 15 日禁止对网捕捞大黄鱼，1989 年《浙江省渔业管理实施办法》重申这一规定，但是由于缺乏具体的有效措施，大黄鱼的禁渔区、禁渔期未能真正贯彻落实。

3. 产卵带保护区

1988 年 5 月国务院批准设立"东海产卵带鱼保护区"，保护区范围为 28°30′—30°30′N，124°30′E 以西至机动渔船底拖网禁渔线，在保护区内，每年 5 月 1 日至 6 月 30 日禁止拖网，对网（大洋网）渔船以及其他以捕捞产卵带鱼为主要作业的渔船进入保护区生产。

4. 幼鱼保护区

1981 年国务院批转的《东、黄、渤海渔场安排规定》中规定，设立两个幼鱼保护区。一是 27°00′—29°00′N 沿机动渔船底拖网禁渔区线向东平推经度 30′的海域，为大黄鱼幼鱼保护区，每年 1—2 月禁止底拖网渔船进入生产。二是 31°30′—34°00′N 沿禁渔线向东平推经度 30′ 的海域，为带鱼幼鱼保护区，每年 8—10 月禁止底拖网渔船进入生产。

1981 年《浙江省海洋水产资源保护试行规定》中规定，27°00′—31°00′N 沿机动渔船底拖网禁渔区线向东平推经度 30′ 的海域，为带鱼幼鱼保护区，每年 7—10 月禁止底拖网渔船进入生产。

《浙江省海洋水产资源保护试行规定》中还规定，每年 6 月 1 日至 7 月 15 日，禁止灯光围网和灯光对网捕捞鲐鱼和蓝圆鲹幼鱼；对损害经济幼鱼的密张网，5 月 16 日至 7 月 15 日为禁渔期。禁捕抱卵梭子蟹和幼蟹的休渔时间为 4 月 1 日至 9 月 16 日。

5. 杭州湾幼海蜇保护区

由于杭州湾海蜇资源严重衰退，1985 年经浙江省政府同意，在杭州湾设立幼海蜇保护区。保护区的范围为：以南汇嘴、唐脑山、鱼腥脑、东霍山、海黄山连线为东界线，以乍浦向南至杭州湾南岸连线为西界线的海域内，自 6 月 20 日至 7 月 25 日禁止定置张网和流动张网作业渔船进入生产，1986 年休渔期提前到 6 月 10 日开始。

（五）伏季休渔制度

20 世纪 80 年代，随着群众渔船大型化、钢质化的发展，渔场向外海扩展，到 100～200 m 水深海域生产，原先划定的机帆船底拖网禁渔区线已被无形中冲垮，机帆船伏季禁渔区、禁渔期名存实亡，底拖网滥捕幼带鱼严重。据浙江省带鱼课题组对 1993—1994 年 6—8 月浙江渔场底拖网渔获物分析，带鱼占绝大部分，高的超过 95%，而在带鱼中 125 g 以下的幼带鱼占 63%～81%，因此重新实施伏季休渔势在必行。1995 年我国政府决定在 27°00′—35°00′N 的黄海、东海海域实施 7—8 两个月的伏季休渔制度，底拖网、帆张网 7 月、8 月两个月实行休渔。1998 年又将休渔范围扩大到 26°00′—35°00′N 的海域，休渔时间延长为 6 月 16 日至 9 月 16 日 3 个月，并逐渐扩大到桁杆拖虾作业和灯光围网作业。拖虾作业休渔期开始从 6 月 16 日至 7 月 16 日 1 个月，以后又延长为 6 月 1 日至 8 月 1 日两个月。灯光围网作业从 5 月 1 日至 7 月 1 日两个月实行休渔。在伏季休渔期间，实行船进港、人上岸、网入库，有效地保护了主要经济鱼类产卵群体和正在成长的主要经济鱼类幼鱼。

1. 保护了带鱼产卵群体，增殖作用明显

5—8 月是东海带鱼的主要生殖期，伏休前的 1990—1994 年 5 年间，每年 6—8 月，仅带鱼的平均渔获量就达 9.24×10^4 t，数亿尾正在产卵或即将产卵的带鱼亲鱼遭到捕杀。实施伏季休渔之后，使带鱼产卵群体能正常繁殖，增殖作用明显。实施休渔后的 1995—2003 年，据徐汉祥（2003）对带鱼亲体（P）与补充量（R）关系分析，其平均比值为 4.26，比伏休前（1990—1994 年）的 2.57 提高 65.76%，比 20 世纪 80 年代后期的 2.93 提高 45.39%，体现出带鱼资源的补充机制有了很大的改善。

2. 保护了带鱼、小黄鱼、鲳鱼等主要经济鱼类幼鱼

伏休期间，为经济鱼类幼鱼生长提供必要的时间和空间，明显地增加主要经济鱼类补充群体的资源数量。根据刘子藩等（2000）对浙江省乌沙门定置张网点经济幼鱼的调查结果，伏休前 5 年（1990—1994 年）与伏休后 4 年（1995—1998 年）平均值的比较（表 6-2-1），幼带鱼的比例由 24.51% 增加到 30.68%，增幅达 25.2%；小黄鱼和鲳鱼的比例由 0.18% 和 1.19% 增加到 6.34% 和 9.04%，增幅达数倍。

表 6-2-1　1990 年至 1998 年 6—9 月浙江省乌沙门张网点主要经济幼鱼渔获组成及日均网产量

项目	伏季休渔前					伏季休渔后			
	1990 年	1991 年	1992 年	1993 年	1994 年	1995 年	1996 年	1997 年	1998 年
六种经济幼鱼（%）	15.05	25.11	33.44	26.92	33.74	36.67	45.91	46.33	55.43
带鱼（%）	13.08	21.40	32.56	23.32	32.20	34.55	23.92	32.96	31.27
小黄鱼（%）	0.01	0.74	0.01	—	0.16	1.12	15.22	1.38	7.65
鲳鱼（%）	0.88	2.24	0.12	1.31	1.38	0.97	6.71	11.98	16.51
日均网产（kg）	32.61	35.40	37.70	33.04	34.90	38.60	40.13	41.73	38.44

引自：刘子藩，周永东，2000.

3. 主要经济鱼类产量有较快增长

根据浙江省带鱼、小黄鱼、鲳鱼等主要经济鱼类伏休前与伏休后渔获量的变化情况（表 6-2-2），可以明显看出伏休后主要经济鱼类有较快增长。伏休前 5 年带鱼平均年产量为 32.17×10⁴ t，伏休后 5 年平均年产量为 55.21×10⁴ t，增幅达到 71.84%。同样，小黄鱼、鲳鱼前 5 年的平均年产量为 1.16×10⁴ t 和 2.31×10⁴ t，后 5 年平均年产量增长到 4.04×10⁴ t 和 9.75×10⁴ t，增幅分别为 2.5 倍和 3.2 倍。虽然主要经济鱼类产量的增长与捕捞力量的增加有关，但单位捕捞努力量渔获量（CPUE）仍是增长的。浙江省单位捕捞力量渔获量（CPUE）伏休前 5 年平均值为 0.656 t/kW，伏休后 5 年平均值增至 0.876 t/kW，增幅为 33.54%。可以看出带鱼、小黄鱼、鲳鱼的资源数量，通过伏休 3 个月的保护，产量明显增加了。

表 6-2-2　1990—1999 年浙江省主要经济鱼类渔获量的变化　　　　单位：×10⁴ t

项目	伏季休渔前					伏季休渔后				
	1990 年	1991 年	1992 年	1993 年	1994 年	1995 年	1996 年	1997 年	1998 年	1999 年
捕捞总量	99.37	108.33	122.86	137.02	197.61	247.02	259.72	293.07	326.70	331.24
带鱼产量	23.87	28.06	32.29	33.06	43.57	57.99	49.53	52.88	57.05	58.61
小黄鱼产量	0.27	0.69	1.34	1.27	2.25	3.36	4.86	4.97	4.97	7.01
鲳鱼产量	2.33	2.11	1.66	2.40	3.07	7.61	7.67	9.54	10.99	12.94

二、渔业资源增殖放流

增殖放流水产资源，是在海域自然资源衰退情况下，通过人为的方法（育苗、放流、移殖、改造栖息环境等）以恢复或增加海域水产资源的种群数量，改善和优化海域的群落结构，是修复渔业资源的有效途径。日本在 20 世纪 60 年代就开展这项工作，如日本濑户内海 60 年代初出现捕捞过度、工业污染、水产资源遭到破坏的现象，自 1963 年开始建立栽培渔业中心，进行大规模的放流增殖和养殖，主要放流品种有对虾、鲍鱼、鲑鳟鱼、真鲷、河鲀鱼等，经过数年的努力，使资源得到恢复，1978 年捕捞量达到 $40×10^4$ t，养殖产量 $30×10^4$ t，合计 $70×10^4$ t，为 1955 年的 3 倍。至 80 年代后期，日本增殖品种已扩大到鱼、虾、贝、藻 80 多种。美国等国家也在沿海增殖鲑鳟鱼，取得明显的效果。挪威、西班牙、英国、法国、德国等国家也把水产增殖业作为渔业发展的方向。浙江省自 80 年代初开始，开展过多个品种的增殖放流试验，取得明显的成效，为进一步开展较大规模的增殖放流工作打下良好的基础。

（一）增殖放流试验研究

1. 中国对虾增殖放流研究

中国对虾主要分布于黄海、渤海，东海少有分布。1982 年浙江省海洋水产研究所在象山港放流 3 cm 暂养虾苗 336 万尾，出厂苗 1 780 万尾，次年春天在象山港中部回捕到体长 20 cm 的亲虾 5 尾。1983 年浙江省水产局下达"浙江近海中国对虾放流增殖研究"课题，列入"六五"攻关项目和农牧渔业部课题，组建了以省海洋水产研究所为主持单位，宁波水产研究所和普陀水产养殖公司参加的课题组，自 1983—1985 年 3 年共放流虾苗 3 707.58 万尾，回捕 32.19 t，回捕率 6%~8%，初步掌握放流虾群的生长、移动分布规律，得出中国对虾能在放流海区自然繁殖的结论，课题获 1986 年浙江省科技进步奖三等奖。

1986—1990 年该项研究继续列入国家"七五"攻关项目和浙江省重点课题，浙江省水产局为课题负责单位，省海洋水产研究所为主持单位，宁波市水产研究所为参加单位。浙江省人民政府又组建了"象山港对虾放流领导小组"实施统一领导。5 年共放流 3 cm 以上暂养虾苗 83 092 万尾，出厂苗 14 064 万尾，捕获成虾 1 392 t，平均回捕率 9.1%，取得明显的社会、经济效益。该项目获 1991 年农业部技术改进二等奖，浙江省政府技术进步二等奖。

2. 海蜇增殖放流试验

浙江沿海是海蜇重要产区，由于过度捕捞和海洋环境恶化的影响，资源已出现衰退。

为恢复海蜇资源，1986年浙江省海洋水产研究所在取得海蜇全人工育苗成功基础上，列题开展海蜇放流可行性研究，当年用一定比例的辽宁种海蜇做标志，掺混在大批量的本地种海蜇进行放流试验，7月底回捕到的海蜇伞径已长到25～38 cm，达到商品规格。1989年在象山港中部、杭州湾南部海区，分别放流伞径2～2.5 cm的幼蜇5 000万只和0.9～1 cm伞径的幼蜇4 700万只，回捕率为0.88%。1992年在苍南县炎亭镇海域放流伞径0.5 cm以下幼蜇860万只，回捕率曾达3%，但1993年放流幼蜇130万只，回捕率只有0.3%。由于诸多因素的制约，海蜇放流增殖尚未见有明显效果。

3. 石斑鱼增殖放流试验

1986年浙江省海洋水产研究所在取得石斑鱼全人工育苗成功基础上，开展了石斑鱼人工放流增殖试验研究。1987—1993年的7年内，在舟山市普陀区的朱家尖、六横和西轩岛周围海域共放流石斑鱼苗103 386尾，1991年放流标志石斑鱼苗1 000尾，翌年回捕标志鱼30尾，回捕率为3.1%。1992年又在象山港、西轩岛周围水域放流标志幼鱼418尾，经调查，石斑鱼在放流海域上钩率普遍有所提高。

4. 大黄鱼增殖放流试验

大黄鱼是浙江近海传统的主要经济鱼类，由于不合理利用，资源已衰退。为恢复大黄鱼资源，1998—2000年在浙江省水产局的组织下，在象山港口进行探索性的放流试验，共放流大黄鱼苗种1 573 033尾（其中挂牌标志鱼16 567尾）。放流后当年8—11月在象山港内及口区附近海域被当地流刺网、张网捕获，回捕率为1.21%～6.45%，第二年回捕鱼较少，仅2～3尾。2001—2003年由宁波海洋与渔业局组织实施生产性放流，在象山港口区共放流大黄鱼苗种4 753 377尾（其中挂牌标志鱼9 814尾）。2004—2006年由东海区渔政局组织实施，在岱衢洋水域放流大黄鱼苗种1 202万尾。

5. 黑鲷增殖放流试验

宁波市水产研究所在取得黑鲷人工育苗成功基础上，于1990年6月在象山港放流叉长16～26 mm的黑鲷鱼苗10.25万尾，其中切除左鳍条的标志鱼2 800尾。同年10月首次采用入墨法标志放流技术，共计放流6 141尾，回捕523尾，回捕率达到8.5%。标志鱼在放流海区移动范围不大，当海区水温在12℃以上时，鱼体生长速度较快，是较好放流增殖对象之一。在此基础上"象山港黑鲷人工放流可行性研究"列入浙江省和宁波市"八五"计划，1992—1994年在象山港内共放流黑鲷苗种13.42万尾，回捕率达4.4%～6.05%。黑鲷放流后，象山港黑鲷渔获量有所增加，如1993年增产13.5吨，净产值110万元。此后象山港黑鲷的增殖放流工作不间断地进行，放流数量一般保持在3万尾以上。

6. 曼氏无针乌贼增殖试验

1935 年浙江省水产试验场在嵊山用钢索系缚树枝把、竹枝把、稻草把和乌贼笼四种方法进行过乌贼人工繁殖试验，附卵效果以乌贼笼最佳。乌贼笼不但无害，且有助于乌贼繁殖。

1981—1982 年浙江水产学院与普陀县水产技术推广站协作进行乌贼卵子孵化、幼乌贼生长和乌贼半人工增殖试验，在中街山列岛产卵场投放 850 只乌贼笼附卵器，每只附卵器平均附卵 1 万粒以上，孵化后的幼乌贼生长良好。

1983 年 "乌贼资源增殖研究" 列入省 "六五" 攻关项目的子课题，由浙江水产学院负责，浙江省海洋水产研究所和普院水产技术推广站协作，3 年内进行不同形式附卵器试验，由于乌贼生殖群体数量锐减，产卵量和附着量减少，增殖效果不理想。1988 年浙江水产学院取得国家自然科学基金的支持，继续开展乌贼资源增殖研究，开展了人工和自然授精孵化、生殖行为、胚胎和生殖器官发育观察，精夹精子保存及不同水质对乌贼卵子孵化的影响等试验。

7. 东海区名优种类增殖放流技术开发与示范

为了恢复业已衰退的海洋渔业资源，优化渔业资源结构，改善海域生态环境，国家非常重视渔业资源的增殖放流。"十一五" 期间，2007 年国家科技支撑计划项目中下达了 "东海区名优种类增殖放流技术开发与示范" 课题，进一步规范渔业资源增殖放流，该课题由浙江省科学技术厅负责组织，浙江省海洋水产研究所承担，参加单位有农业部东海区渔政局、上海海洋大学、浙江省海洋水产养殖研究所、浙江海洋学院、江苏省海洋水产研究所等。课题起止时间为 2007—2010 年，课题对放流品种筛选、放流规格、放流技术、标志技术、跟踪调查技术、放流效果评价方法和指标体系等技术要素进行集成研究。通过研究提出了增殖放流种类筛选的原则与方法；初步建立了增殖放流效果评价指标体系；制定了十多项增殖放流管理与技术规范，进一步完善了东海区及浙江省增殖放流技术与管理体系；标志技术研究取得较大突破，取得 11 项国家专利授权；发表研究论文 10 篇。

（二）规模化的增殖放流

2003 年农业部发出《关于加强渔业资源增殖放流的通知》，2004 年东海区渔政局和浙江省海洋与渔业局在浙江沿海开始启动多品种大规模的增殖放流工作。在过去增殖试验研究取得成效的基础上，围绕选种的技术可行性、生物安全、生物多样性、兼顾效益四项筛选原则，以政府为主导，大力投入，企业积极参与，科研部门协同指导开展工作。自2004—2011 年，全省沿海各地共放流鱼、虾、蟹、贝等品种多达 30 种（包括大黄鱼、黑鲷、日本对虾、中国对虾、海蜇、三疣梭子蟹、青蟹、曼氏无针乌贼、日本黄姑鱼、黄姑鱼、条石鲷、石斑鱼、褐牙鲆、半滑舌鳎、鮸鱼、真鲷、黄鳍鲷、梭鱼、马鲛鱼、厚壳贻贝、菲律宾蛤、文蛤、青蛤、毛蚶、缢蛏、黄口荔枝螺、管角螺、黑鲍、单齿螺、海参等）放流苗种共计 16.91 亿尾（只、粒），其中以浙江北部沿岸渔场的放流规模最大，放流品种以岱衢族大黄鱼、日本对虾、三疣梭子蟹、海蜇等传统渔业资源为主，放流试验性的鱼类 11 种。

三、人工鱼礁建设

人工鱼礁建设是用人为的方法（如抛置混凝土块、石块、旧车、旧船等），建设适合鱼类群集、栖息的海底礁石或其他隆起物，这些礁石或隆起物，会使海流形成上升流，将海底的有机物和营养盐带到海水中上层，促进各种饵料生物大量繁殖生长，从而使鱼类聚生，以增加渔获量。人工鱼礁是改善渔场环境，保护和增殖沿岸渔业资源的有效途径之一，也是发展海洋游钓业的一项重要措施。世界上许多国家早就重视沿海渔场建设，投放人工鱼礁，改善渔场生态环境，增殖渔业资源，并已产生显著的经济效益和社会效益。日本和美国是人工鱼礁建设最多和最早的国家，日本的鱼礁建设以改造沿岸渔场，为沿海的捕捞业和养殖业服务。据报道，日本鱼礁每立方米的年渔获量一般为 3～5 kg，最高为 25 kg，一般 3～5 年就可收回鱼礁的造价，而鱼礁可长期使用，还能阻止违规作业，保护资源，恢复近海的渔业生态环境。美国的鱼礁建设是为适应庞大游钓渔业的需要。美国东部海区多为砂质地带，地力较为瘦瘠，从 20 世纪 60 年代起，大力投放人工鱼礁，鱼类产量大幅度增加，并与游钓结合起来。据 1983 年统计，全美国沿海各地设置人工鱼礁区有 1 200 处，参加游钓活动人数达 5 400 万人，约占美国人口总数的 1/4，使用的游钓船有 110 万艘，钓捕鱼类产量约 140×10^4 t，占全美渔业总产量的 35%，更可观的是给全美旅游业带来的经济效益达 500 亿美元。我国人工鱼礁建设开始于 20 世纪 70 年代末。浙江省于 80 年代中期在南麂海域投放 4 座人工鱼礁，拉开了人工鱼礁建设序幕，但至 21 世纪初才有较快进展。

（一）浙南沿海人工鱼礁研究

1984 年农牧渔业部水产局和浙江省水产局下达"浙南人工鱼礁研究"课题，由浙江省海洋水产养殖研究所、温州市水产局、平阳县水产局承担，在南麂列岛的上马鞍岛附近海域设立以聚集名贵鱼类为目的的人工鱼礁试验区。通过 4 年的调查研究，完成了本底调查、礁区选择、礁体设计，制作投放了 4 座 9.0 m×4.4 m×4.5 m 钢筋混凝土为构件的多层翼船型自沉式人工鱼礁，有效体积 345 m³，礁区面积 6 770 m²。投礁 3 年的调查监测表明，礁体沉陷稳定，达到原设计要求，在礁区作业的延绳钓产量是投礁前的 2.55～4.20 倍，流刺网产量是投礁前的 3.8～45.5 倍，礁区的鱼类也由投礁前的 2 种增加到 7 种。

（二）南麂列岛人工鱼礁试验区

南麂列岛是国家级的自然保护区，附近海域生态环境良好，又有较好的旅游资源。南麂列岛人工鱼礁试验项目属休闲生态型的人工鱼礁建设项目，实施单位为中国雨田集团平阳县南麂岛开发有限公司。2001 年 7 月首期在南麂岛 Ⅱ 号海区投放废旧钢质渔船、客轮改造的礁体、钢质框架礁体和轮胎组合礁体共计 2 400 m³。2002 年 11 月至 12 月又在 Ⅱ 号海区共投放改造型木质船礁体 10 座、改造型钢质船礁体 2 座，共计 28 033.6 m³，总投放面积达 1.5 km²，形成 12 个单独渔场和鲍礁群渔场。2003 年 6 月第三期投放 30 座鱼礁群，其中改造型木质船礁 29 座、水泥船礁 1 座，合计 61 008 m³，共形成 7 个渔场，面积 1.39 km²。三次共投放近 50 座人工鱼礁，共计 9.15×10⁴ m³，形成 20 个鱼礁群（人工鱼礁渔场）。通过对南麂海区 3 个人工鱼礁代表站的张网、流刺网和手钓作业试捕调查，发现礁区附近渔业生物种类 57 种，其中鱼类 37 种、虾类 9 种、蟹类 5 种、虾姑 1 种、头足类 3 种。2003 年 5—6 月省内外科技人员对南麂海区一、二期人工鱼礁、天然礁区和自然海区进行浮游生物、底栖生物和游泳动物调查，并进行潜水观察和水下摄像，结果表明，礁体的沉降度小，腐烂锈蚀程度轻，礁体形状良好，不倾斜，礁体附近生物比例 100%，有大量的游泳生物频繁游动。

人工鱼礁投放后，在礁区进行优质鱼类人工增殖放流，2002 年 7 月放流真鲷 25.2 万尾、黑鲷 24.8 万尾、大黄鱼 20.3 万尾，合计 70.3 万尾。2003 年 5 月在礁区进行第二次人工增殖放流，放流真鲷 147.9 万尾、大黄鱼 20.0 万尾、双斑东方鲀 36.6 万尾，合计 204.5 万尾，同时进行上述 3 种鱼苗挂牌标志放流 10 000 尾。

（三）舟山朱家尖海域人工鱼礁试验区

舟山朱家尖海域人工鱼礁建设项目于 2002 年开始选址和本底调查，2003 年 5 月通过项目可行性、海域使用可行性和环境影响报告专家论证。礁区位于朱家尖南沙外侧接近情人岛和外黄礁海域。项目一期工程计划用 3 年时间投放报废渔船 350 艘，建设 4 000 m³ 鱼礁 16 座，形成两个鱼礁群，总计 6.4×10⁴ m³。同时改造 75 艘渔船，建立一支游钓船队，并对礁区开展恋礁性名贵鱼类增殖放流，工程总投资 1 400 万元。2003 年 6 月，项目首次投放经改造处理的木质渔船 21 艘，合计 4 200×10⁴ m³，此后经 12 次投放，至 2003 年年底，共投放废旧渔船 90 艘和部分水泥、木头构件，形成 5×10⁴ m³ 人工鱼礁群。该项建设仍在继续进行中。

在人工鱼礁建设过程中，礁区增殖放流同时进行，2003 年 8 月在礁区放流石斑鱼苗 3.2 万尾，放流黑鲷鱼苗 6.1 万尾。

（四）重要渔业资源养护工程技术研究与示范

"十一五"期间，国家很重视改善渔场生态环境，国家科技支撑计划项目下达了"东海区重要渔业资源养护工程技术研究与示范"课题，由浙江省海洋水产研究所承担，参加单位有上海海洋大学、浙江海洋学院、浙江海洋开发研究院、温州市技术推广站、浙江海洋科技有限公司，起止时间为 2007—2010 年。课题开展了天然岛礁区保护、人工鱼礁群建设、人工海藻场建设，藻、贝、鱼多元生态海洋牧场等重要渔业资源工程技术的开发与示范，集成了海洋生物资源养护区域生态调控技术，为东海区重要渔业资源养护与渔业可持续发展提供了技术支撑。建立了 4 个天然岛礁渔业资源养护区，在嵊泗马鞍列岛海域建成 2 个人工鱼礁养护区，初步建立一个人工海藻场和一个藻–贝–鱼多元生态海洋牧场。研发新装置 6 项，申请发明专利 6 项，实用新型专利 7 项，获得实用新型专利授权 4 项，发表论文 7 篇。

为了使人工鱼礁科学有序地开展，浙江省海洋与渔业局已委托浙江省海洋水产研究所制订《人工鱼礁建设操作技术规程》，从鱼礁的选址、调查、设置、管理等方面作了具体的技术性规定，浙江渔场人工鱼礁建设将迎来新的发展高潮。

第七章 渔业资源评价与展望

第一节 渔业资源评价

中华人民共和国成立 60 多年来，浙江省在海洋渔业资源的开发利用方面取得显著成绩，渔船机械化、现代化程度提高，捕捞技术进步，渔场不断扩大，新渔场新资源得到开发利用，使浙江的海洋捕捞业得到长足发展，在全国居领先地位。同时在贯彻《渔业法》，实施《水产资源繁殖保护条例》方面做了大量工作，尤其在实施定置张网休渔期，实施机轮、机帆船底拖网禁渔区、禁渔期，实施产卵带保护区、幼鱼保护区，底拖网和帆张网伏季休渔措施等，使带鱼、小黄鱼、鲳鱼资源补充群体数量增多。但是 60 多年来，在渔业资源利用过程中，教训也不少，是值得今后吸取的。

一、捕捞力量剧增，超过生物资源的承受能力

捕捞力量剧增，是造成传统主要经济鱼类资源衰退的主要原因之一。全省机动渔船功率，从 20 世纪 70 年代中期的 40×10^4 kW，至 80 年代中期增加到 80×10^4 kW，增长了 1 倍，90 年代中期达到 300×10^4 kW，90 年代末上升到 350×10^4 kW，比 80 年代中期增长 3.4 倍，而比 70 年代中期增长 7.8 倍。自 70 年代中期开始，浙江渔场的大黄鱼、小黄鱼、带鱼、曼氏无针乌贼四大经济种类已出现衰退，单位捕捞努力量渔获量逐年下降，每千瓦的渔获量，从 1975 年的 1.61 t，至 1990 年降至 0.62 t，下降了 61%，表明资源利用量已大于资源的生长和补充量，捕捞强度已超过资源本身的承受能力。而这时，捕捞力量不但没有减少，反而急剧增加，在"造大船，闯大海，创高产"的口号声中，呈现失控状态，这是造成"四大渔产"资源衰退的主要原因。虽然国家于 1987 年、1992 年、1997 年 3 次颁布渔船马力控制指标，但未能奏效。其原因在于基层思想观念的错位，片面追求产量，以产量称英雄，以产量定政绩，这一错误观念至 1999 年实施零增长，才得以扭转。当前，东海渔业资源状况不佳，已成事实。今后渔船的出路、渔业劳动力的安排，已成为渔业结构调整的主要问题，妥善处理好这些问题，关系到社会的稳定，是今后浙江海洋渔业可持续发展的关键所在。

二、渔业资源结构发生重大变化

早在 20 世纪 50 年代，当时捕捞强度不大，海洋渔业自然资源丰富，渔业资源的主体是大黄鱼、小黄鱼、带鱼和曼氏无针乌贼 "四大渔产"，占海洋捕捞总产量的 50%～60%（表 7-1-1）。当时高龄鱼多，大黄鱼最高年龄 29 龄，小黄鱼最高年龄 17 龄，带鱼最高年龄 7 龄，年龄序列长，群体结构稳定，渔业资源结构属自然演替下来的原始结构型。60—70 年代，随着捕捞技术进步，捕捞强度加大，无限制地强化对 "四大渔产" 的捕捞，"四大渔产" 占海洋捕捞量达到 60%～70%，大大超过资源本身的承受能力。自 70 年代中期开始资源出现衰退，尤其是大黄鱼、小黄鱼、曼氏无针乌贼资源数量直线下降，至 80 年代末大黄鱼、小黄鱼、曼氏无针乌贼三者产量只占海洋捕捞总产量的 1.2%，渔汛也消失了。带鱼资源虽然还能维持较高的产量（占海洋总产量的 20% 左右），但高龄鱼少了，带鱼捕捞群体低龄化、小型化严重，其生物学特征也出现资源衰退的现象。由于 "四大渔产" 资源的衰败，70 年代中期开发外海绿鳍马面鲀资源，同时发展灯光围网作业，利用鲐、鲹等上层鱼类资源，80 年代发展桁杆拖虾作业，开发外海的虾、蟹类资源，90 年代初发展单拖作业，开发外海的头足类资源。从上述看出，80 年代是浙江渔场渔业资源结构发生变化的重要转折时期，自 90 年代初以后，鲐、鲹鱼类，虾、蟹类，头足类资源和小型经济鱼类资源（包括带鱼、小黄鱼、鳓鱼经过保护之后出现数量较多的当龄补充群体，以及鳀鱼、黄鲫、梅童鱼、龙头鱼等），成为海洋渔业捕捞的主体，占海洋捕捞总产量达到 70% 左右（表 7-1-2）。这时渔业资源是生命周期短、营养阶层低、群体组成结构简单的次生资源，如在附表中列出的 37 种（类）主要捕捞对象中，单周期的有 9 种（类），占 24.3%，短周期的有 25 种（类），占 67.6%，10 龄以上长周期的只有 3 种，占 8.1%。从营养阶层看，2～3 层次和第 3 层次的种类有 25 种（类），占 67.6%；第 4 层次的 11 种，占 29.7%；第 5 层次的只有 1 种，仅占 2.7%。

海洋次生资源除了提供人类捕捞外，还是海洋主要经济鱼类的食物来源。虽然次生资源具有生长迅速、繁殖力强、资源恢复快的特点，但易受气象海况变化的影响，资源容易出现波动，在强大的捕捞压力下也要出现资源衰退。近几年，虾类资源密度下降，三疣梭子蟹数量波动明显，绿鳍马面鲀经过 20 年开发利用，资源也衰退了，这与捕捞强度加大密切相关，如不加强对次生资源的合理利用和管理，东海的渔业生物资源将进一步衰退，进而导致海域生态环境恶化，那时再恢复渔业资源其难度就更大了。

表 7-1-1　浙江省主要经济鱼类渔获量组成历年变化　　　单位:%

年份	大黄鱼	小黄鱼	带鱼	乌贼	鲳鳓鱼	鲐、鲹鱼	马面鲀	海鳗	马鲛鱼
1953	16.88	4.87	11.28	6.69	—	—	—	—	—
1956	17.47	9.80	19.38	10.48	2.77	—	—	0.28	—
1959	14.42	3.63	21.53	13.42	1.08	—	—	0.05	—
1963	7.03	2.76	36.91	10.08	0.93	—	—	0.03	—
1966	16.83	2.08	33.83	9.72	1.63	—	—	0.09	—
1969	15.87	1.49	41.77	9.33	0.02	0.76	—	0.01	—
1973	14.25	1.02	44.44	3.04	2.10	0.88	—	—	—
1976	13.20	2.26	33.13	3.59	2.07	0.35	18.12	—	—
1979	5.38	0.81	36.71	8.47	2.61	4.74	1.35	—	0.03
1983	1.13	0.71	35.06	3.04	2.32	7.23	3.38	0.75	0.55
1986	0.28	0.28	27.28	1.04	2.97	6.05	9.46	1.67	0.93
1989	0.03	0.20	21.40	0.92	2.63	4.00	12.02	1.30	1.78
1993	0.01	0.93	24.13	2.80	1.97	6.08	0.68	1.63	1.01
1996	0.36	1.87	19.47	1.25	3.24	3.98	1.47	2.03	0.92
1999	0.08	2.59	17.69	1.91	4.04	2.58	1.01	2.23	2.28
2003	0.10	2.29	16.90	1.33	4.05	7.22	0.56	2.65	0.02
2006	0.03	2.23	16.06	1.06	4.18	7.82	1.44	2.18	2.21
2009	0.01	2.30	16.58	0.84	4.62	8.70	1.04	2.81	2.35

表 7-1-2　浙江省虾蟹类、头足类资源渔获量组成的历年变化

年份	虾蟹类		头足类	
	总产量（t）	占海洋捕捞量比例（%）	总产量（t）	占海洋捕捞量比例（%）
1992	361 196	29.40	19 359	1.58
1994	630 306	31.90	92 735	4.69
1996	702 327	27.04	142 386	5.48
1998	795 159	24.37	180 160	5.52
2000	867 855	25.56	295 284	8.70
2002	806 406	24.88	280 865	8.66
2004	760 173	23.61	351 224	10.91
2006	805 693	25.34	305 846	9.62
2008	742 996	24.68	355 508	11.81
2010	760 599	24.65	29 2796	9.49

三、渔业资源基础脆弱

（一）渔获组成小型化、低龄化、低值化

20 世纪 80 年代以后，浙江渔场由于主要经济鱼类资源衰退，高龄鱼少了，甚至难以见到，捕捞群体以当龄补充群体为主，如冬季带鱼捕捞群体中，当龄鱼的比例从 1967 年的 20.5%，1982 年上升到 59.3%，90 年代前期为 71.1%，后期达到 78.2%，2008 年上升到 84.8%。又如小黄鱼，近两年捕捞群体平均体长只有 128 mm，体重 36 g。在渔获组成中小型经济鱼类、低值鱼类增多，如龙头鱼（Harpodon nehereus）、鳀鱼（Engraulis japonicus）、黄鲫（Setipinna taty）、梅童鱼（Collichthys lucidus）、虾蛄（Oratosquilla oratoria）、鲆鲽类等小型经济种类在渔获组成中数量增多，占总渔获量达到 10% 左右。虾虎鱼（Chaeturichthys spp.）、天竺鲷（Apogonichthys lineatus）、发光鲷（Acropoma japonicum）、七星鱼（Myctophum pterotum）、鳄齿鱼（Champsodon capensis）、犀鳕（Bregmaceros macclellandii）、虻鲉（Erisphex pattii）、刺鲀类等低值种类，在拖网、张网渔获组成中数量也不少。由于低龄鱼、低值鱼类增多，加上当年生的虾蟹类、头足类。海域中渔业资源的特征是营养层次低，生命周期短，群体结构很不稳定，易受气象海况和人类捕捞活动的影响，资源容易出现波动，甚至衰退。

（二）渔获量增长靠强化捕捞获得

自 21 世纪初以来，浙江省海洋捕捞产量年平均接近 300×10^4 t，为历史最高值，捕捞渔船总数虽有所减少，但渔船马力增大，功率达到 340×10^4 kW，也处在历史最高水平。此外，渔具结构、操作技术也向高强度的捕捞方向发展，如帆张网巨型化、一船多网；惊虾仪、多层刺网等违法渔具的使用；捕捞效率高，选择性差，对资源破坏力和杀伤力极强的底拖网类、张网类渔具的大量使用，其渔获量占海洋捕捞量的绝大部分，2008 年达到 80%。底拖网作业不但把底层大大小小的生物资源捕上来，还对底层生态环境造成严重的破坏，如此高强度、掠夺式的捕捞，维持着较高的年产量，但资源基础和渔场生态环境却遭受破坏。

（三）带鱼、小黄鱼等经济鱼类处在生长型过渡捕捞状态

自 1995 年实施伏季休渔制度以来，保护了主要经济鱼类幼鱼，使带鱼、小黄鱼、鲳鱼等资源数量有所增长。2008 年浙江省带鱼产量达到 50×10^4 t，小黄鱼为 8.8×10^4 t，鲳鱼为 12.8×10^4 t，但 80% 都属当龄鱼群体，这些当龄鱼群体，是伏季休渔的成果。但开捕后，强大的捕捞力量把它们都利用了，带鱼、小黄鱼处在当年生当年捕的状态，亲体补充量难

以增加，自然种群难以扩大，资源基础较为脆弱。

（四）主要经济鱼类生物学特征出现自身调节机制

一种生物资源在遭受破坏后，为了种群的延续，会出现加速生长、提早性成熟、加快补充速度等种群自动调节机制。如小黄鱼，20世纪50年代末，小黄鱼性成熟最小体长为140~150 mm，至80年代，性成熟最小体长下降到121.1 mm，体重27 g，21世纪初性成熟体长降至100~116 mm，体重17~20 g。又如带鱼，60年代带鱼性成熟最小肛长为200~210 mm，至70年代下降到160~170 mm，90年代末最小性成熟肛长为140~150 mm，体重50 g。与50—60年代相比，当前小黄鱼、带鱼性成熟最小体长（肛长）各下降了50 mm。

第二节　建议与展望

一、转变观念，走依法治渔道路

鉴于当前浙江渔场渔业资源状况不佳，渔业资源基础脆弱，必须加强对渔业资源的养护和合理利用。要转变过去自由捕捞，竭泽而渔，对渔业资源的利用无序、无度、无偿，以产量论英雄，增产必须增船的旧观念。要改变增长方式，从追求数量向提高质量，提高效益转变，只有观念转变了，认识提高了，才能增强对保护渔业资源的自觉性。我国已于1986年颁布《渔业法》，以后又陆续出台了各项渔业法律和法规，要大力宣传和落实《渔业法》和《水产资源繁殖保护条例》，使广大渔民群众知法守法，逐步提高广大渔民依法捕鱼的自觉性。要按照自然规律、经济规律进行管理，逐步实施渔业管理的科学化、现代化，使近海渔业资源免遭过度捕捞的危害，逐渐走上良性循环轨道。

二、加强渔业结构调整，减轻近海捕捞压力

捕捞强度急剧增加，是造成传统主要经济鱼类资源衰退的主要原因之一，因此，必须下大力气调整渔业结构，减轻近海捕捞压力，把过度增加的捕捞渔船减下来。要严格执行渔船数量和马力的双控指标，执行废、旧渔船的淘汰制度。把条件好、马力大的渔船转向远洋生产，拓展国外渔场；要转移部分渔业劳动力从事水产增养殖业，水产品加工业和休闲渔业，把浅海滩涂充分利用起来，走耕海牧渔的道路；同时要积极引导渔民群众调整作业结构，减少帆张网、底拖网和定置张网等杀伤资源严重的作业，发展灯光围网、流网和钓业等有利于繁殖保护的作业，使作业结构能适应渔业资源的变化。

三、保护渔场生态环境

沿岸海域是主要经济鱼类的产卵场，幼鱼的索饵场、肥育场，同时分布着较多的小型鱼类、虾蟹等甲壳类，是重要的渔业作业水域。近20~30年来，随着沿海沿江地区经济高速发展，工业废水和生活污水排放量增多，沿海水域污染日趋严重，据统计，2004年排入东海的废水达 15.5×10^8 t，生活污水排放量 9.96×10^8 t，比20世纪90年代增加了1倍。此外，还有沿江沿海农田大量使用化肥、农药，农田径流排放入海，加上养殖水域残饵和排泄物排放，沿海和河口水域有机污染加剧，外侧岛屿以西水域已基本无1类海水、超3类水质标准比例扩大，无机氮、无机磷超标，重金属污染也日趋严重。污染使海域富营养化、赤潮发生频繁，面积逐年加大，破坏了产卵场和生物栖息地的生态环境，给渔业带来严重的影响，影响到海洋生物的产卵繁殖和生长发育，造成仔幼体成活率下降，生物资源的补充量减少。因此，必须重视海洋环境的整治。海洋是陆源污染物的最后归宿地，要加强宣传教育，提高全民的海洋环境意识，加强海洋环境治理的领导，搞好区域协调，认真贯彻环境保护法，加强污染的管理，减少污染物排入海洋，逐步实现污染物排放总量控制。

四、建设人工鱼礁，加强增殖放流，发展生态渔业

国内外实践证明，在沿海建设人工鱼礁，是一项生态环境的修复工程，是增殖鱼类资源的有效途径之一，既为鱼类提供栖息的良好场所，又能阻止沿海的拖网作业，保护幼鱼、幼虾和底层的生物群落，营造人工生态系统，提高海域生产力。因此，要增加投入，加强这方面的工作。根据浙江渔场的渔业资源和渔场环境状况，人工鱼礁建设以改造渔场环境、增殖渔业资源为主，附以休闲生态型人工鱼礁，促进游钓业的发展。为有序科学地发展人工鱼礁，要在40 m水深以浅的沿岸渔场开展本底调查，做好礁区选择和规划。在实施人工鱼礁建设的同时，加强增殖放流，逐步恢复沿海渔场的生态环境，增殖渔业资源，发展生态渔业。

五、加强渔业资源的调查研究，逐步实现捕捞限额的管理制度

渔业资源是动态特征明显的可再生资源。由于人类的开发活动和环境变化的影响，渔业资源的数量和组成结构处在不断的变化中，因此，必须加强渔业资源调查和监测，为渔业管理决策提供科学依据。当前，我们在实施禁渔区、禁渔期，实施底拖网、帆张网伏季休渔制度中，保护了经济鱼类幼鱼，使带鱼、小黄鱼、鲳鱼的补充群体资源数量增多，但

在开捕后，强大的捕捞力量把增加的补充群体又利用了，使带鱼、小黄鱼处在当年生当年捕的状态。带鱼、小黄鱼资源低龄化、小型化的现象无法改变，资源难以恢复，不能从根本上改变渔业资源衰退的局面，只能是治标，不能治本。现代渔业管理通常采用渔获量限额和限制捕捞力量的方法，根据资源的变化，随时调整渔获量和捕捞力量限额，使渔业适应资源的经常变化。因此，要加强渔业资源调查，为实施《渔业法》提出的捕捞限额制度，提供技术支撑，走生态渔业的发展道路，实现海洋渔业的可持续发展。

附表

浙江渔场主要捕捞种类的生态特征

捕捞种类	种数	主要食物种类	食性类型	营养阶层	生命周期（年龄）	最高年产（×10⁴ t）（年份）	资源变动趋势
海蜇	1	浮游生物	浮游生物	2~3	单周期（1龄）	3.5（1966）	衰退
中国毛虾	1	浮游生物	浮游生物	2~3	同上	28.7（2006）	上升，已充分利用
细螯虾	1	浮游生物	浮游生物	2~3	同上		上升，已充分利用
大中型虾类	20	底栖甲壳类，瓣鳃类，多毛类，浮游生物	底栖动物	3	同上	35.0（1999）	上升，已充分利用
曼氏无针乌贼	1	鱼类，虾类，箭虫，软体动物	底栖动物	3	同上	6.2（1959）	衰退
有针乌贼类	7	甲壳类，鱼类，软体动物	底栖动物	3	同上	6.5（1998）	上升，尚有潜力
剑尖枪乌贼	1	鲐，鲹，沙丁鱼类，虾蛄，头足类	游泳动物	3	同上	5.3	上升，尚有潜力
太平洋褶柔鱼	1	上层鱼幼鱼，磷虾，糠虾，长尾类，头足类	游泳动物	3	同上	3.0	上升，尚有潜力
蛸类（章鱼）	4	贝类，甲壳类，鱼类和头足类	底栖动物	3	同上	3.4	上升，尚有潜力
大中型蟹类	8	短尾类，鱼类，腹足类，蛇尾类	底栖动物	3	短周期（1~10龄）	16.8（1996）	上升，已充分利用
龙头鱼	1	小型鱼类，经济鱼幼鱼，毛虾，细螯虾，虾蛄幼体	底栖动物	3	同上	9.5（2007）	上升，已充分利用
黄鲫	1	毛虾，细螯虾，糠虾，虾蛄幼体等浮游甲壳类	浮游动物	3	同上		上升，已充分利用
凤鲚，刀鲚	2	箭虫，桡足类，磷虾，箭虫类	浮游动物	3	同上	10.1（2003）	上升，已充分利用
日本鳀	1	浮游甲壳类，箭虫类	浮游动物	3	同上		上升，尚有潜力
梅童鱼	1	细螯虾，毛虾，糠虾，桡足类，箭虫	浮游兼底栖	3	同上	15.5（2015）	上升，已充分利用
绿鳍马面鲀	1	浮游甲壳类，软体动物，珊瑚等	浮游兼底栖	3	同上	12.6（1976）	衰退

续表

捕捞种类	种数	主要食物种类	食性类型	营养阶层	生命周期(年龄)	最高年产(×10⁴ t)(年份)	资源变动趋势
鲐鱼	1	浮游甲壳类, 小型鱼类, 小乌贼, 箭虫等	浮游动物	3	同上	18.7 (2008)	上升, 尚有潜力
蓝圆鲹	1	浮游甲壳类, 毛颚类, 介形类, 小型鱼类	浮游动物	3	同上	10.6 (2008)	上升, 尚有潜力
沙丁鱼	1	桡足类, 短尾类幼体, 糠虾, 幼鱼, 硅藻	浮游生物	3	同上	2.7 (2010)	上升, 尚有潜力
银鲳, 灰鲳	2	细螯虾等长尾类, 幼鱼, 小乌贼, 磷虾, 箭虫	浮游动物	3	同上	14.4 (2002)	伏休后, 当龄幼鱼上升
鳓鱼	1	细螯虾等长尾类, 幼小鱼类, 头足类, 箭虫	浮游动物	3	同上	1.1 (2009)	波动, 已充分利用
大眼鲷, 黄鲷	2	磷虾, 细螯虾等长尾类, 小型鱼类, 头足类	底栖动物	3	同上	0.8 (2004)	略有上升, 尚有潜力
马鲛鱼	1	鱼类, 甲壳类, 头足类	游泳动物	4	短周期(1~10龄)	7.8 (2005)	上升, 已充分利用
白姑鱼	1	鱼类, 中型虾类, 虾蛄, 蟹类, 头足类	底栖动物	4	同上	5.9 (2010)	略有上升, 已充分利用
黄姑鱼	1	虾类, 虾蛄, 鱼类, 头足类	底栖动物	4	同上	3.6 (2010)	略有上升, 已充分利用
方头鱼	2	鱼类, 中型虾类, 蟹类, 多毛类, 头足类	底栖动物	4	同上	1.6 (2003)	略有上升, 已充分利用
鲅鱼	1	青鳞鱼, 黄鲫, 龙头鱼等鱼类, 虾类	底栖动物	4	同上	2.1 (2010)	中小条鱼数量上升
石斑鱼	2	虾蟹等甲壳类, 鱼类, 头足类, 螺, 蛤等	游泳动物	4	同上	0.1 (2009)	相对稳定, 已充分利用
带鱼	1	鱼类, 长尾类, 头足类, 毛虾, 磷虾, 糠虾	游泳动物	4	同上	64.9 (2000)	过度捕捞, 保护后当龄幼鱼明显上升
小黄鱼	1	鱼类, 虾类, 毛虾, 中型虾类, 桡足类	底栖兼浮游	4	长周期(>10龄)	9.7 (2010)	衰退, 保护后当龄幼鱼上升
大黄鱼	1	龙头鱼等鱼类, 毛虾, 中型虾类	底栖动物	4	同上	16.8 (1974)	衰退
海鳗	1	鱼类, 蟹类, 虾类, 头足类	游泳动物	5	同上	9.0 (2004)	上升, 已充分利用

参考文献

陈开辉,1982.对浙江中南部渔场马面鲀群众渔业生产的剖析.水产科技情报,4:19.

蔡如星,宋海棠,1993.浙江近海渔业资源结构变化的生态学调控机制及振兴渔业的对策.全国沿海地区经济
　　持续发展战略学术讨论会论文集,343-349.

曾文扬,1982.石斑鱼养殖学.海文出版社.

董聿茂,1983.中国东海口足类(甲壳纲)报告.东海海洋,(1),82-98.

董正之,1991.世界经济头足类生物学.济南:山东科学技术出版社:100-118,162-166.

戴爱云,冯钟琪,宋玉枝,等,1977.三疣梭子蟹渔业生物学的初步调查.动物学杂志,(2):30-33.

邓景耀,赵传细,等,1991.海洋渔业生物学.北京:农业出版社:111-516.

邓景耀,孟田湘,任胜民,1986.渤海鱼类食物关系的初步研究.生态学报,6(4):356-363.

丁天明,宋海棠,2001.东海中北部海区头足类资源量的评估.水产学报,25(3):215-221.

丁天明,宋海棠,2000.东海剑尖枪乌贼生物学特征.浙江海洋学院学报,19(4):371-374.

丁耕芜,陈介康,1981.海蜇的生活史.水产学报,5(2):93-104.

葛允聪,邱盛尧,等,1988.黄海鱿鱼渔况的初步研究.海洋渔业,4:153-158.

湛彦,胡杰,周婉霞,薄治礼,倪梦麟,1984.浙江北部水域青石斑鱼卵巢周年变化及性转变的研究.浙江水产
　　学院学报,3(1):11-19.

胡杰,周婉霞,薄治礼,湛彦,1982.青石斑鱼的胚胎发育.水产科技情报,(2),20-22.

黄鸣夏,胡杰,王永顺,陈正国,1985.杭州湾海蜇生殖习性的研究.水产学报,9(3):239-246.

刘富光,1980.鱼类性转变--特别有关石斑鱼和鲷类.中国水产(台湾),332,4-190.

刘子藩,周永东,2000.东海伏季休渔效果分析.浙江海洋学院学报,19(2):144-148.

农牧渔业部水产局,东海区渔业指挥部,1987.东海区渔业资源调查和区划.上海:华东师范大学出版社:40-
　　113,281-594.

钱世勤,郑元甲,1997.东海绿鳍马面鲀的生物学特性和资源动态分析.东海区渔业资源动态监测网十周年专
　　辑,49-55.

钱世勤,等,1980.绿鳍马面鲀年龄和生长的初步研究.水产学报,4(2):197-206.

秦忆芹,1981.东海外海绿鳍马面鲀摄食习性的研究.水产学报,5(3):245-251.

宋海棠,1983.秋汛舟山渔场的饵料基础概况及与鲐、鲹鱼结群的关系.水产科技文集,第二集,北京:农业出
　　版社:23-29.

宋海棠,1983.鱼山-大陈海区鲐、鲹鱼中心渔场形成条件的探讨.东海海洋,1(3):40-44.

宋海棠,丁跃平,1988.浙江沿岸和近海渔场渔业资源结构变化的探讨.东海海洋,6(3):45-52.

宋海棠,丁跃平,许源剑,1988.浙江北部近海三疣梭子蟹生殖习性的研究.浙江水产学院学报,7(1):39-46.

宋海棠,丁跃平,许源剑,1989.浙江近海三疣梭子蟹洄游分布和群体组成特征.海洋通报,8(1):66-74.

宋海棠,俞存根,丁跃平,许源剑,1991.浙江近海虾类资源合理利用的研究.浙江水产学院学报,10(2):92-99.

宋海棠,俞存根,丁跃平,许源剑,1992.浙江中南部外侧海区的虾类资源,东海海洋,10(3):53-60.

宋海棠,丁天明,1993.东海北部主要经济虾类渔业生物学的比较研究.浙江水产学院学报,12(4):240-248.

宋海棠,丁天明,1994.浙江渔场渔业资源动态与监测.海洋开发与管理,11(3):27-31.

宋海棠,苗振清,黄传平,等,1995.浙江渔场鲐、鲹鱼资源利用研究.浙江水产学院学报,14(1):2-13.

宋海棠,丁天明,1995.浙江渔场鲐鱼蓝圆鲹不同群体的组成及分布.浙江水产学院学报,14(1):29-35.

宋海棠,丁天明,1995.东海北部海域虾类不同生态类群的分布及其渔业.台湾海峡,14(1):67-72.

宋海棠,丁天明,1997.东海北部拖虾渔业的现状与设立拖虾休渔期的建议.浙江水产学院学报,16(4):256-261.

宋海棠,1998.东海北部头足类资源利用现状与发展前景.跨世纪农业发展研究.北京:中国环境科学出版社:512-516.

宋海棠,丁天明,余匡军,沈纪祥,王晓晴,阮飚,1999.东海北部头足类的种类组成和数量分布.浙江海洋学院学报,18(2):99-105.

宋海棠,丁天明,余匡军,沈纪祥,王晓晴,阮飚,2000.太平洋褶柔鱼在东海的分布和洄游.迈向21世纪的渔业科技创新.北京:海洋出版社:275-280.

宋海棠,丁天明,2002.浙江中南部外海的剑尖枪乌贼资源.中国水产学会论文集.北京:海洋出版社:342-346.

宋海棠,薛利建,2002.东海渔业资源利用状况研究报告.浙江省海洋与渔业局,等.东海渔业资源状况及合理利用对策研究.183-197.

宋海棠,2002.东海虾类的生态群落与区系特征.海洋科学集刊,44:124-133.

宋海棠,姚光展,俞存根,吕华庆,2003.东海虾类的种类组成和数量分布.海洋学报,25(增1):171-179.

宋海棠,俞存根,薛利建,姚光展,2006.东海经济虾蟹类.北京:海洋出版社:145.

宋海棠,丁天明,徐开达,2008.东海头足类的数量分布与可持续利用.中国海洋大学学报,38(6):911-915.

宋海棠,丁天明,徐开达,2008.东海剑尖枪乌贼的数量分布和生长特性.浙江海洋学院学报,27(2):115-118.

宋海棠,丁天明,徐开达,2009.东海经济头足类资源.北京:海洋出版社:120.

宋海棠,俞存根,薛利建,2012.东海经济虾蟹类渔业生物学.北京:海洋出版社:228.

唐启升,2006.中国专属经济区海洋生物资源与环境.北京:科学出版社:224-331.

唐启升,1986.现代渔业管理与我国的对策.现代渔业信息,1(6):1-4.

王复振,1964.浙江近海重要经济鱼类食性研究.浙江近海渔业资源调查报告,70-90.

吴家骅,1984.浙江近海渔场带鱼的生殖特性.浙江水产学院学报,3(2):109-129.

吴家骅,1985.浙江近海渔场带鱼的年龄和生长.浙江水产学院学报,4(1):9-23.

吴家骅,朱德林,1979.浙江近海带鱼资源变动与合理利用研究.海洋渔业,(3):6-10.

吴家骅,1996.浙江渔场及相邻海区渔业资源利用情况及发展趋势.

夏世福,1983.海洋渔业资源结构变化的探讨.全国海洋渔业资源学术会议多鱼种渔业资源论文报告集,13-22.

徐汉祥,刘子藩,周永东,2003.东海带鱼生殖和补充特征的变动.水产学报,27(4):322-327.

杨纪明,郑严,1962.浙江江苏近海大黄鱼 *Pseudosciaena Crocea*(Richardson)的食性及摄食的 季节变化.海洋科学集刊,1962,2:14-30.

郁尧山,吴家骅,张伟新,仇正骅,1964.浙江近海重要经济鱼类生物学基础的初步研究.浙江近海渔业资源调查报告,91-157.

郁尧山,周婉霞,陈铮,薄治礼,1987.石斑鱼.中国名贵珍稀水生动物.杭州浙江科学技术出版社:50-51.

俞存根,宋海棠,姚光展,2005.东海蟹类群落结构特征的研究.海洋与湖沼,36(3):213-220.

俞存根,宋海棠,姚光展,吕华庆,2006.东海大陆架海域经济蟹类种类组成和数量分布.海洋与湖沼,37(1),53-60.

赵传纲,1990.中国海洋渔业资源.杭州:浙江科学技术出版社:4-15.

张其永,林秋眠,林尤通,张月平,1981.闽南-台湾浅滩渔场鱼类食物网研究.海洋学报,3(2):275-290.

张秋华,程家骅,徐汉祥,等,2007.东海区渔业资源及其可持续利用.上海:复旦大学出版社:18-26,234-253,550-557,580-583.

郑元甲,甘金宝,朱善央,姚文祖,1987.东海绿鳍马面鲀产卵群体结构和产卵场调查.水产学报,11(2):121-134.

朱德林,1985.带鱼.浙江省大陆架渔业自然资源调查和区划论文集,47-56.

朱德林,宋海棠,薄治礼,吴祖杰,1984.浙江近海夏秋季鲐、鲹渔场的研究.海洋通报,3(2):62-70.

朱德坤,孙水根,1964.浙江近海水文特征的初步研究.浙江近海渔业资源调查报告(海洋水文和地质),197-228.

朱德坤,陈阿毛,1987.冬季嵊山带鱼中心渔场与高盐水舌锋位置的关系.浙江省海洋水产研究所《研究论文与实践报告选编》(1980—1987),312-319.

周婉霞,1993.东海区鱼类增殖放流现状.渔业协力财团,中日韩渔业学术交流会材料.

周婉霞,胡杰,湛彦,薄治礼,1983.浙江北部海区青石斑鱼摄食习性的研究.水产科技情报,(1),19-21.

周婉霞,薄治礼,辛俭,等,1994.人工培育青石斑鱼仔、稚、幼鱼的饵料系列.浙江水产学院学报,13(2):85-92.

周婉霞,薄治礼,1986.浙江近海蓝圆鲹食性的研究.东海海洋,4(2):65-74.

周婉霞,薄治礼,陈卫平,2005.东海北部黄海南部深水流网渔业资源调查.浙江海洋学院学报,24(1):9-15.

周永东,徐汉祥,刘子藩,薛利建,2002.东海带鱼群体结构变动的研究.浙江海洋学院学报,21(4):314-320.

浙江省水产局,1999.浙江省水产志.北京:中华书局:54-67,96-100.

浙江省海洋水产研究所,1985.浙江省大陆架渔业自然资源调查和区划论文集,1-183.